产品设计研究

陈旭　王鑫　潘蓝青　主编

化学工业出版社

·北京·

内 容 简 介

本书是产品设计研究课程的教学用书,产品设计研究是产品设计专业的核心专业课。全书一共有四章:第1章是设计研究与地域文化研究发展概论,针对设计研究发展及地域文化研究进行总体讲解;第2章介绍了交互设计,包括交互设计的概念、要素及方法,并介绍了交互设计相关案例及软件;第3章是基于地域文化的服务设计,介绍了服务设计方法和原理,突出地域文化设计的整体性和完整性;第4章是设计规划与管理,针对产品规划与策划进行总体讲解。

本书可以作为各大高等院校产品设计或工业设计专业的专业课程用书,也可以为产品设计从业人员提供参考。

随书附赠资源,请访问 https://www.cip.com.cn/Service/Download 下载。

在如右图所示位置,输入"42864"点击"搜索资源"即可进入下载页面。

图书在版编目(CIP)数据

产品设计研究 / 陈旭,王鑫,潘蓝青主编.
—北京:化学工业出版社,2023.4
(产品设计基础课)
ISBN 978-7-122-42864-6

Ⅰ.①产… Ⅱ.①陈… ②王… ③潘…
Ⅲ.①产品设计-研究 Ⅳ.① TB472

中国国家版本馆 CIP 数据核字(2023)第 022616 号

责任编辑:吕梦瑶 陈景薇 冯国庆　　　　　文字编辑:刘 璐
责任校对:王 静　　　　　　　　　　　　　装帧设计:韩 飞

出版发行:化学工业出版社(北京市东城区青年湖南街13号　邮政编码100011)
印　　装:河北京平诚乾印刷有限公司
787mm×1092mm　1/16　印张10　字数198千字　2023年5月北京第1版第1次印刷

购书咨询:010-64518888　　　　　　　　售后服务:010-64518899
网　　址:http://www.cip.com.cn

凡购买本书,如有缺损质量问题,本社销售中心负责调换。

定　　价:68.00元

　　产品设计研究课程是产品设计专业的核心专业课，注重培养学生的产品设计研究能力，引导学生关注设计领域的前沿、热点。目前同类书籍较多的是介绍理论和方法，而缺少对实践能力的培养，有关传统文化及地域文化的设计研究也缺少相关案例的介绍。本书旨在通过介绍产品设计相关理论及方法，结合实际课题练习，培养学生在设计过程中发现问题、分析问题、解决问题的综合能力，提高其设计研究能力。

　　本书一共有四章，第 1 章是设计研究与地域文化研究发展概论，针对设计研究发展及地域文化研究进行总体讲解，梳理了设计研究发展脉络，介绍了设计研究的前沿理论及方法、设计研究发展趋势，分析了产品设计前沿、热点，如智能时代下产品的交互形式及用户体验研究、地域文化、社会创新等，以提高学生独立思考、分析问题和解决问题的能力，以及综合设计实践能力。第 2 章介绍了交互设计，包括交互设计的概念、要素及方法；介绍了交互设计相关案例及软件，以提高学生的交互设计实践能力。第 3 章是基于地域文化的服务设计，介绍了服务设计的方法和原理，突出地域文化设计的整体性和完整性。第 4 章是设计规划与管理，针对产品规划与策划进行总体讲解，包括新产品开发策略、产品规划方法、品牌设计发展趋势等。依据企业整体发展战略目标和现有情况，结合外部动态形势，合理地制定本企业产品的全面发展方向和实施方案。

　　本书注重融入课程思政元素，帮助学生树立良好的文化自信。通过讲解传统文化、地域文化与现代设计之间的关系，借助实际课题的研讨，加强学生对传统文化及地域文化的了解。注重思维能力的系统培养，关注设计前沿、热点，如智能时代下产品的交互形式及用户体验研究、社会创新等；结合实际课题进行深入研究。注重实践能力培养，各章节均配有相关内容的设计案例，通过设计实践加强学生对理论知识的理解，并能够运用到实践中。注重案例的实效性，通过设计案例引导学生更深入地思考，进行设计研究。书中有企业的实际设计案例，以及学生随堂训练课题，都是近年的设计项目或教师的科研项目，有较强的实效性。

本书主要由桂林电子科技大学艺术与设计学院陈旭教授组织编写，王鑫参与了第2章和第4章部分内容的编写，潘蓝青参与了第3章部分内容的编写，陈旭所带的研究生张格宇、李汝祯、李刚、罗锋、胡梓航、邓梦铃、韩舒阳、马丽敏、张茜、王嘉义、邹星儒等同学也参与了本书的资料整理工作，在此表示感谢。本书的内容参考了大量文献资料，案例来源于部分已毕业学生在企业的作品，以及部分学生随堂完成的项目作业，在此一并表示感谢。由于编写时间比较仓促，难免有不当之处，希望各位读者提出宝贵意见。

编者

第 1 章
/ 设计研究与地域文化研究发展概论

/ 知识体系图

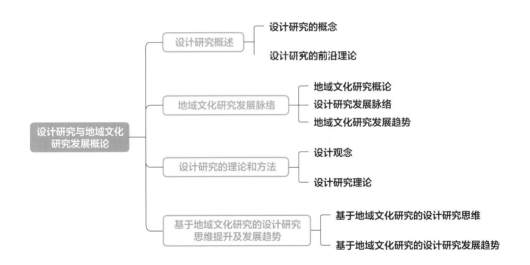

/ 学习目标

知识目标

针对设计研究发展及地域文化研究进行总体讲解，了解设计研究发展脉络、设计研究前沿理论及方法、设计研究发展趋势。

技能目标

提高学生独立思考、分析问题和解决问题的能力，以及综合设计实践能力。

/ 引例

设计是一种问题导向的创造性活动，因此，设计问题是设计研究的起点，但如何从具体的设计问题定义研究问题？不同类型的问题是否对应不同类型的研究？

思考和厘清设计问题、设计研究、设计知识等概念内涵及其相互关系，将有益于设计研究的探寻与构建。设计研究对提升设计质量、设计创新、商业成功、解决社会问题有用吗？

关于这个简单的按钮，能产生多少设计问题呢？例如，采用什么形状、尺寸、颜色、描边、材料、纹理、符号？由谁使用、用于何处、如何使用、何时使用等？每个问题都会产生影响设计决策的多层次因素：从涉及用户个人的人机接口或认知因素，到涉及用户群体的社会和文化因素。此外，当研究不同问题和不同因素之间的关系时，问题的数量呈指数增长。

一个简单的按钮设计可以影响到工作、生活、文化、商业等多个方面。当围绕按钮的设计问题提出更多的疑问时，按钮的设计问题会变得更加明确；其设计问题的本质得以暴露。回答了这些问题，按钮的设计就形成了，并体现出对问题的想法和观点。不需要基于客观基本原理，设计师会凭借直觉回答一些问题。而有些问题则需要根据合适、以科学知识为基础的原理来回答。

/ 1.1 / 设计研究概述

1.1.1 设计研究的概念

设计研究（Design Research）具有两种不同类型的本质。

一种是指为特定设计项目拓展信息的实践。实践内容通常包括收集用户需求、社会关注点、市场、竞争产品和相关技术等信息。近年来，设计研究尤其注重和理解以人为中心的系统开发的用户需求（图1-1）。为了提供具有洞察力的以人为中心的设计指导，人类学家、心理学家和设计师等专业人士组成的跨学科团队时常参与到这类实践活动中。

图 1-1 Zaha Hadid 的智能厨房系统

另一种是指发展一个一般化、结构化知识体系的实践。这个知识体系既广泛适用于不同的设计案例，又普遍被一般的学术标准所验证或认可。这类实践发展的知识类型包括理论、方法、原则和工具，它们将成为未来知识开发周期或实际应用的资源，也被称为学术研究（Academic Research）。

1.1.2 设计研究的前沿理论

（1）设计研究的类型

① 理论研究：旨在产生新的理论、理论框架和对前理论的见解。

② 方法论研究：提出有效的方法，来改进设计过程和保障后续设计的质量。

③ 实验性研究：从实验中观察到的数据里识别出重要的模式，或验证通过其他实验研究建立的假设，或从演绎方法中推导出来的假设。

④ 实地研究：研究人类的实地行为，类似于社会科学和自然科学的田野调查。

⑤ 案例研究：找到能够促成假设的模式，以进一步阐述研究或解决问题的方法。

（2）设计研究前沿理论及方法

设计研究分为两类：一种是对设计行为的科学研究，称为"一般设计研究"，输出设计的元知识；另一种是对设计学科的研究，称为"特定领域设计研究"，输出设计的特定领域知识。

设计研究的目的，就是研究发展知识的机制并维持其知识生命周期，从而为设计实践提供可使用的知识平台，包括交互设计、服务设计、品牌设计、智能设计、整合设计等。

案例：福特汽车人种志调研项目。在过去的70年中，市场调研的主要形式一直是询问人们的观点及看法，但福特汽车对这一形式始终怀有质疑态度。亨利·福特先生就曾经说过，"如果你去问人们想要什么，他们可能只会说一匹更快的马"。

基于社会科学的战略咨询机构RED在创新领域拥有与各大消费品企业及医药公司长达10年的合作经验。2012年起，这家机构开始与福特汽车开展合作，在全球范围内投资开展基于社会科学的研究活动——通过观察消费者如何与车辆互动，获得真实有效的新洞察——从感知、社会、文化、技术与经济角度研究哪些细微的差别将会对产品设计产生影响。

将传统商业技巧与来自人类学、社会学、经济学、传媒学以及设计学领域学者对社会的全新洞察结合，重新打造产品设计开发的流程，为消费者们创造崭新的使用体验，打造更加美好的生活。

RED的团队已经投入超过4000个小时的时间，在世界各地超过25个国家，观察数千名消费者关于车辆的使用行为，拍摄了80000张图片与近3000小时的视频资料，记录了8000多页的现场报告，最终为产品开发流程的改进提出了无数宝贵意见。

/ 1.2 / 地域文化研究发展脉络

1.2.1　地域文化研究概论

"文化是一个国家、一个民族的灵魂。文化兴国运兴，文化强民族强。"弘扬、创新地域文化，是一个关系到社会发展的重大课题。原因简而言之，一是传承历史的使命要求，二是经济、社会发展动力的需求，三是人民群众精神生活的需求，四是精神文明建设的要求，五是城市魅力增强、地位提升的要求。新时代，我们要大力加强地域文化研究，拓展中华文化研究的地域视角。

一方水土孕育一方文化。地域文化主要是指在一定自然地理范围内经过长期历史发展形成的，为当地人民所熟知和认同，带有地域文化符号的物质文化和非物质文化。在中华大地，多种多样的优秀地域文化一同构成了中华文化。地域文化历来是中华文化宏大画卷中的灿烂一页，是中华民族一代又一代不断传承和发展的文化宝藏。从历史上看，中华文化很早以前就在广阔的地理空间形成了，其中包括平原、高原、山地、河谷、海域等不同自然地理空间。在这些地理空间内，人们发展出农耕、渔猎、游牧等不同经济形态，进而形成具有明显地域差别的文化。西周分封之后，齐、楚、燕、晋、吴等处于不同地域的诸侯国，依据各自的自然条件和人文基础，发展出既具有共同特点又具有鲜明地域特色的文化。自秦汉以降，中华文化的地域格局不断扩展，内容也愈加丰富。直至近现代，地域文化一直在为中华文化这棵参天大树提供源源不断的滋养。当前，高铁、互联网等的发展虽然极大消除了不同自然地理空间之间的界限，不同地域文化也加速向具有同质特性的现代文化转化，但地域文化并没有消失，还在持续对当代社会发展产生重要影响。因此，深入研究地域文化仍然具有十分重要的意义。

我们今天所强调的地域文化研究，不是简单地重复地方文化研究，也不能与民族文化研究画等号，更不可将其与文化地理学等同，而是要突出中华文化研究的地域视角。这样的地域文化研究，需要从历史、民族、政治、经济、社会、文学、宗教、考古、民俗、艺术等多学科的视角，用多种方法，深入分析中国各个地域文化的历史源流、丰富内容、人文特征和当代价值。换言之，当代地域文化研究要服务于中华优秀传统文化的创造性转化和创新性发展，服务于中华文化的真实、立体、全面展现，服务于中国特色社会主义文化发展和中国经济社会发展。

地域文化研究是一项系统工程，需要从各个方面着力。从地域文化的发展历史和现状看，横向和纵向的研究都很重要。自改革开放以来经历了一波接一波的地域文化研究热潮，大部分地域文化的纵向研究已经比较充分和深入，但地域文化的横向研究还比较薄弱，对各地域文化之间关系的研究还不够深入，不能很好地将具有独特文化内涵的地域文化纳入整体的中华文化宏观研究格局中来。

1.2.2 设计研究发展脉络

（1）早期设计研究的发展

从历史的视角阐明设计研究是如何开始与发展的，将有助于理解设计研究的现状，并展望设计和设计研究的未来。

20 世纪 60～70 年代早期的设计方法论研究，着重于解决由城市系统问题日益增加、技术系统规模不断扩大和计算机信息处理能力迅速提高所带来的复杂性问题。设计方法论研究的第一个重要成果是在 20 世纪 60 年代由设计、建筑和城市规划方面的研究人员实现的，他们专注于分析复杂问题模式的方法论（Moore，1970 年）。在工程和科学领域，政府机构和工业界投入了大量资源，以发展设计和控制大型技术系统，例如空间系统和工业系统。

在 20 世纪 60～70 年代，系统科学和工程在其理论与方法论领域，都取得了重大进展（Bertalanffy，1968 年；Hall，1962 年）。运筹学、控制论、控制原理等相关研究领域也取得了快速进展（图 1-2）。

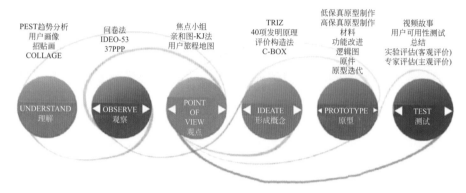

图 1-2　设计思维的流程与部分方法

（2）新的发展

对人与人工物的交互和人与环境的关系这些方面的关注，引出了另一个历史视角。人体工程学（Ergonomics）和人因工程学（Human Factors）是解决人与人工物交互时，产生的基本物理、生理和心理问题的工程学，在设计供人类使用的人工物时发挥关键作用。

20 世纪 80 年代引入的以人为中心的设计理念，重新强调了设计的人文角色，即在人工物的开发中倡导用户观点（Norman 和 Draper，1986 年；Winograd 和 Flores，1986 年）。

当计算机技术足以实现图形用户界面时，计算机科学的子学科人机交互（HCI），广泛强调了以人为中心的概念的重要性（图 1-3、图 1-4）。

图 1-3　具有个性的山地车和公共自行车

"GoDrive"项目（图 1-5）是由其中的一项发展而来，为伦敦人提供了更为便捷的交通：在 20 个提车点提供 50 辆车；单程租车，保证有停车位；随行计费，按分钟计费，无其他费用。

图 1-4 奔驰 CAR2GO 信息系统，基于互联网的汽车共享

德国用车共享试验（图 1-6）：福特公司与拥有众多合作伙伴的著名用车共享公司 Flinkster 合作——参与福特用车共享试验的用户可以选择使用 3600 辆 Flinkster 的车辆。相应地，Flinkster 的 27 万用户也可选择使用福特车队的车辆。从 2015 年开始，用户可以通过智能手机应用程序代替用户卡来使用车辆。

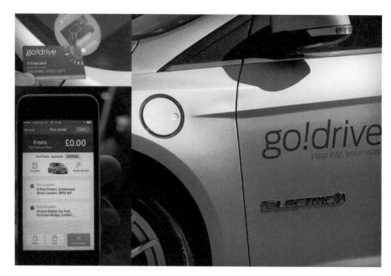

图 1-5　伦敦 "GoDrive" 项目

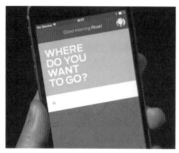 

图 1-6　德国用车共享试验

　　福特公司不仅是一家汽车公司，也是一家移动出行公司，因此，福特公司的车不仅仅是一种代步的交通工具，它还将用户与车辆之间的互动视作一个有机整合的体验，并以此为出发点，寻找能够让用户兴奋、愉悦，同时使他们的生活更加美好的创新方式。

1.2.3　地域文化研究发展趋势

　　地域文化是特定区域源远流长，独具特色，传承至今仍发挥作用的文化，是在一定的地域环境中与环境相融合打上了地域烙印的独特的文化，是散发着浓郁地方乡土芬芳的文化，扎根本土、世代传承，本地特色鲜明，包括文学艺术、风土人情、礼俗教义等历史遗存和广泛内容，是一个地方的历史烙印，鲜明的标志。

自 1978 年改革开放开始，已经历四十多年的发展，我国文化产业迈入转型升级的新阶段，经济的不断发展，人们生活水平的提高，人均可支配收入的提高，使得大众的精神需求不断增强，随着整个产业转型升级，在资本、政策的推动下，伴随移动互联网发展，技术创新升级的同时，产业格局不断重构并迈入新阶段，地域文化研究发展趋势主要表现为以下几点。

① 政策利好，成长空间大。《文化产业促进法》的制定，是我国为实现"文化产业政策法制化"的重要举措，成为文化产业高质量发展的重要保障。

② 文化融合发展面向更广更深。文化产业成为新产业、新业态、新商业模式的发展重点，呈现全新的发展格局。文化赋能各行各业，如"文化＋科技""文化＋旅游""文化＋服务""文化＋创意""文化＋金融"等，文化消费成为各地域文化产业发展的亮点和特色。

③ 市场竞争加速产业细化。用户需求越来越细化，需要细分文化市场需求，运用设计研究的理论及方法进行合理策划，在市场竞争中站稳一席之地。

④ 新技术赋能文化产业。5G、AR、VR 等新技术的融合促进文化产业升级，文化、科技、创意、服务的互动融合，不断催生文化产业新业态，不断推动文化产业新发展。

/ 1.3 / 设计研究的理论和方法

1.3.1 设计观念

（1）工业设计的定义

经历了半个多世纪的发展与完善，工业设计已成为以现代工业生产为基础的新兴实用学科。那么究竟什么是工业设计，国际工业设计协会联合会在 1980 年举行的第十一次年会上公布了修订后的工业设计定义：就批量生产的产品而言，凭借训练、技术知识、经验及视觉感受而赋予材料、结构、形态、构造、色彩、表面加工以及装饰以新的品质和资格。工业设计师应在上述工业产品的全部或其中几个方面进行工作，而且，当需要工业设计师对包装、宣传、展示、市场开发等问题的解决付出自己的技术知识和经验以及视觉评价能力时，也属于工业设计的范畴。

为了进一步理解工业设计的概念，分析如下：工业设计的对象是批量生产的产品，区别于手工艺时期单件制作的手工艺品；产品的实用性、美观度和使用环境是工业设计研究的主要内容；工业设计的目的是满足人们生理与心理两方面的需求；工业设计是有组织的创新活动。

（2）设计观念的演变

① 图案说——装饰说。

长期以来，美术理论家固执于传统的美术观念，将工业设计理解成图案的设计和事物的装饰。例如，有的学者倡导的"实用品美术化""美术品实用化"，这一口号意在提高实用品的审美价值，装饰美化产品，并让实用性来拯救那些缺乏生命力的艺术品。

然而这种想法不仅不能解救失去市场的工艺美术品，更无助于建立我国独立的现代工业产品的设计、研究、生产、销售、消费的经济体系，只能沉醉于小生产时代的市场与经济观中，错误地引导消费者的落后观念，重装饰、图虚表，轻科学、薄实质，阻碍设计水平的提高。

把设计曲解为"装饰"和"美化"，只能给功能不合理、结构和工艺繁杂的产品涂脂抹粉，不能根本解决产品的功能和设计质量问题。这种肤浅的理解不可能真正把握工业设计的实质，不是真正意义的设计。

② 造型说——构成说。

设计固然离不开造型，设计也必须通过造型来表现。但是工业设计的造型不是单纯的形态构造，它必须解决与产品相关的材料、技术、功能、生产、消费、环境、科学、人文等一系列问题。

造型是每一个具备一定美术基础的人都能做到的事，而设计并不是每一个懂得美术的人所能从事的，如果回避工业设计必须深入解决的问题，单纯地搞产品形态的设计，就不能成为一名真正的设计师。

③ 技术说——质量说。

有些设计师认为工业设计是技术的运用和设计，将技术问题看成是设计的关键，以为只要解决技术问题就可以把握整个设计过程，这种观念是不懂工业设计的表现。

技术仅是设计过程中的一个环节，技术不等于设计，工程师也不可能独立或与美工师等简单地合作就搞出理想的设计。

技术说认为技术、设备以及模具、样机等，可以使产品跃上一流水平，但是引进的技术往往都是二流甚至三流的水平，即使引进了先进的成套设备和技术，生产的产品比过去的先进，但由于缺乏独立的设计，不能将技术消化，结果只能是培养了一批加工技术力量；而放弃产品开发，特别是开发过程中最重要的基础环节——设计及设计力量的培养，这样即使引进的是一流的技术和设备，也只能停留在仿制的水平上，这样的一流技术很快会成为落后的技术。

④ 功能说——方式说。

在设计史中，强调形式和强调功能这两种观念曾长期对峙。形式主义的设计观固然能在外形上获得新颖、奇异的效果，引导潮流。但由于它不能把握设计的内在规律，使形式与功能脱节，终究只能是昙花一现，例如流行于20世纪30年代的美国"流线型"运动就是一个典型。

功能主义的出现是为了反对华而不实的形式主义，强调产品的功能。功能说比装饰说、造型说、技术说等设计观念更进步，因而产品都具有满足人们需求的功能，忽视功能的设计必然导致产品设计误入歧途。

但是，功能说的设计观念仍然没有真正把握设计的真谛，因为功能无论如何重要，毕竟不是设计的本质。功能是人们对需求的抽象认识，而不同人、不同环境、不同条件、不同时间限定，使用同一功能会有无数的方式、无数的形态。

综上所述，工业设计是一种方式，一种创造和运用方式，或者说工业设计是生活方式的设计（图 1-7）。

图 1-7　设计策略因子

（3）产品设计的三个层次

产品自身；产品的有形附加物；产品的无形附加物。如图 1-8、图 1-9 所示。

图 1-8　产品设计牵涉因素

Egg theory
鸡蛋理论模型

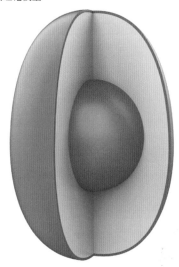

蛋壳层-好外观
设计的外观特征，外在表现形式有装饰感或者美学风格。

蛋白层-好策略
从市场、用户、技术角度出发，用系统的方法论提出设计策略。将策略性解决问题的过程应用于产品、系统、服务及体验，提供新的价值以及竞争优势，以获得商业成功和更好的用户体验。

蛋黄层-致良知
将环保、文明、低碳、保护环境和动植物、乡村振兴、可持续发展、绿色设计、人文关怀、同理心等正向的能量引导作为核心价值观，为环境、社会、人文提供可持续发展的能量，这是知行设计的内核价值观和基石。

注：致良知是中国明代王守仁的心学主旨。"致良知"就是致吾心内在的良知。良知人人具有，个个自足，是一种不假外力的内在力量。"致良知"就是将良知推广扩充到事事物物。"致"本身即是兼知兼行的过程，因而也就是自觉之知与推致知行合一的过程，"致良知"也就是知行合一。"良知"是"知是知非"的"知"，"致"是在事上磨炼，见诸客观实际。"致良知"即是在实际行动中实现良知，知行合一。"致良知"是王守仁心学的本体论与修养论直接统一的表现。

图 1-9　鸡蛋理论

1.3.2　设计研究理论

何谓"设计学"？柳冠中教授对此进行了深入系统的论述。他认为：将"设计"视作一门科学的、系统的、完整的体系，即设计（研究）"设计学——人为事物"的科学的方法论。这种观念将"设计"视作一门科学的、系统的、完整的体系和方法论。这在当今知识经济时代，为根本解决地球生态环境正在被严重破坏，人类面临自我毁灭还是走经济持续发展的关键历史时刻具有革命性意义，无疑是对工业时代以来的工业设计从理论到方法的一场"革命"。

工业设计属于对现代工业产品、产品结构、产业结构进行规划、设计、不断创新的专业，其核心是以"人"为中心，设计创造的成果，要能充分适应、满足"人"的需求；人类的需求永远不会停留在某一点上，因而工业设计也是需要"再设计"的专业。

工业设计是科研技术成果转化为产品、形成商品、符合需求、有益环保的核心过程，是技术创新和知识创新的着陆点，是产品、商品、用品、废品相互转化的系统方法。工业设计在本质上是"人为事物的科学"（图 1-10）。

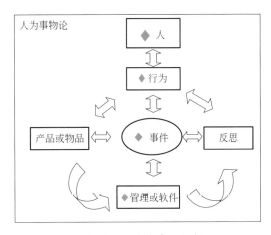

图 1-10　人为事务论框架

因此"工业设计"的真正任务是对新生活方式的需求目标"定位"的研究分析，及由此确定的概念设计。这就是以"定位"作为评价体系去选择、组织技术和工艺制成"产品"，从而使进入千家万户的"用品"真正符合"服务"和"以人为本"的要求。由于经济持续发展及生态平衡的需要日趋成熟，检验设计"定位"的另一重要因素是在生产、销售、使用乃至销毁再利用过程中对资源、生态等因素的考虑。

20 世纪 80 年代以来，由于微电子光电技术、计算机技术、光纤和卫星通信及全球网络技术、多媒体技术的飞速发展，以信息获取、储存、传输、处理、演示技术和装备，以及以信息服务为内容的信息产业成为发展最为迅猛、规模最为宏大的新兴产业。信息技术改变了生产、流通、办公与商务、军事国防，乃至人们的日常生活，影响到几乎所有科学技术领域的研究手段和方式。系统方法论的革命导致整个社会的生产方式、生活方式乃至文化观念的深刻变化。人类进入了工业社会高级发展阶段的信息化时代。信息是符号化的知识，信息化以知识为内涵又成为知识创新、知识传播及知识的创造性多样化应用的基础。信息化实际上是人类进入知识经济时代的序幕和前奏。

世界经济发展已呈现了新的变化。经济全球化趋势持续发展，知识经济是工业经济这个新的经济发展形态不同于传统工业经济的明显特征。知识经济时代的消费将呈现多样化、个性化，因而制造也具有柔性、全球化、分式化、智能化特点。

/ 1.4 / 基于地域文化研究的设计研究思维提升及发展趋势

1.4.1 基于地域文化研究的设计研究思维提升

地域文化是中华民族宝贵的文化财富，是劳动人民集体智慧的结晶。在设计领域中渗透地域文化，能够促进设计创新发展。随着社会和时代的发展，设计理念的转变与更新，地域文化在设计领域中的应用会越来越广泛、深入，势必会对产品设计、室内设计创新带来更加深刻的影响。

我国经济水平的不断提升，带动了旅游行业不断向前发展，为了紧随我国文化发展的步伐，需要全方位展现地域文化的特色，提升旅游文创产品设计水平。文创产品要全面突出文化艺术以及文化传承的创新点，从而使得文创产品能够具有独特的创新性，避免同质化的问题，从地域性角度入手将地域特色旅游文化融入文创产品设计之中，以设计内容和开发流程为依据来探讨地域性文创产品设计方案。

一个国家的社会文明程度和发展水平的重要标志是其文化的发展，但是随着国家经济的高速发展，文化的缺失和文化资源的大量浪费等现象越来越严重，国家意识到这一点，自改革开放以来，越来越多的相关方面开始重视文化资源的保护与挖掘工作。近年国家关于推动文化大发展大繁荣的决定，推动着以区域经济社会及文化发展为主导的地域文化研究的兴起，催生了各省各市对于本区域历史及地域文化的关注和开发，各种基于地域文化开发的研究为社会经济的发展提供了思想保证、精神动力、智力支持和产业的支撑。同时，地域文化研究带动了文化旅游产业的发展，这些地域文化研究所开发的旅游文创产品在吸引大众消费的同时也大力推动着各地区旅游业经济的发展。

地域文化与设计的关系十分密切，设计师撷取地域元素和地域文化，借用设计的逻辑思考，通过实现对地域文化或地域元素的转化来进行文化产品的设计实践。在这一过程中，设计师要尊重传统和当地文化特色，将特定区域的生态、民俗、传统、习惯等加以展示，通过具体的设计载体，表达出对美好生活的追求。

地域文化研究的设计研究思维主要体现在以下几个方面。

① 服务设计思维。地域文化研究要具有服务设计理念，通过服务设计解决地域性问题。

② 品牌设计思维。地域文化研究要树立品牌形象，提升地域文化的影响力和地位。

③ 综合设计思维。地域文化研究尽可能多地借鉴各种设计研究思维，有助于形成有

别于其他产品的独特特点。

1.4.2　基于地域文化研究的设计研究发展趋势

（1）设计知识及其生命周期

① 设计知识研究。随着设计项目复杂性的增加，在整个设计项目的过程中，越来越需要有效的方法来管理设计活动不同阶段的过程。因此，设计学科需要发展知识体系并维持其知识生命周期，从而为设计实践提供可利用的知识平台。这个机制就是所期望的设计研究的成果。

设计知识有不同的分类方案。一种分类方案是将设计知识区分为关于设计学科的特定领域知识（Domain-specific Knowledge）和关于知识本质、知识操作的元知识（Meta-knowledge）。特定领域知识与能丰富领域知识体系的设计子范畴（例如环境设计或人机交互）相关联。一般设计研究主要是探讨元知识，以管理设计过程中的知识进行操作。元知识包括结合多种观点的知识和用于识别知识要素之间关系的知识等。

另一种分类方案是将设计知识区分为描述性知识（Descriptive Knowledge）和隐性知识（Tacit Knowledge）。描述性知识可以通过语言的形式明确表达出来，而隐性知识只能在共享该知识的人之间通过明示的手段进行交流（Polanyi，1966 年）。知识通常需要通过实践掌握（图 1-11）。

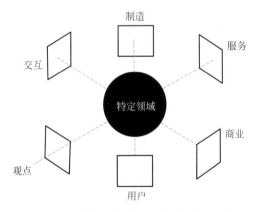

图 1-11　带有异构表现形式的特征模型

例如，按钮设计所涉及的知识以各种形式表现出来，包括使用场景的摄影图像、用户体验的叙事大纲、按钮及其效果之间的因果关系图、形状图、按钮行为的符号描述等。知识的多样性一方面丰富设计信息，提高单个学科内的操作效率，但另一方面也给人工物开发过程中的信息集成带来很大困难。由于设计知识的多样性和学科文化的差异性，跨学科的设计知识交流、归档，以及设计项目活动，已经成为大型企业组织中的关键问题。

② 知识生命周期。知识生命周期（Knowledge Lifecycles）不仅存在于研究人工物和开发人工物之间，也存在于开发人工物和使用人工物之间。设计师和研究人员研究用户与人工物的使用情况，以便开发更好的产品并产生能应用于人工物的知识。用户通过理解人工物中包含的知识，也能产生大量知识。

在日常生活或工作的系统中，用户需要把产品放在合适的位置，这需要大量的知识创造。为使用户在刚开始感兴趣的阶段之后，还能继续使用人工物并理解其功能，设计师和研究人员需要了解在日常生活中的各种不同情况下，用户使用人工物的价值、意义和方式（图1-12）。

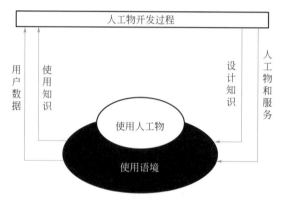

图 1-12　人工物开发过程

传统上，产品开发人员只将用户视为数据收集来源，而不是知识创造的中介。近年来，以人为中心的设计方法兴起，推动了用户和人工物生产者（包括设计师和研究人员）之间更大的协作。这种协作在人工物生产者和用户之间引入了另一个知识生命周期，参与式设计和协同设计的概念就是基于这样一种理念，即设计师和用户之间的知识生命周期是设计创造与论证的关键部分。

③ 以人为中心的设计知识生命周期。以人为中心的设计（Human-centered Design）概念，强调将用户的观点和使用环境纳入设计开发过程的重要性。因为系统开发的过程涉及大量学科，所以它不是通过观察和遵循人为因素指导原则来收集需求的简单事情。系统解决方案的基本层面需要体现人的观点，以便向目标用户提供最合适的服务。

在复杂的组织活动和开发人工物的决策过程中，始终坚持用户观点并不是一个简单的任务。由于技术和商业成功的标准非常清晰，在决策制定的过程中，它们的观点通常占据主导地位。为了在开发过程中树立深刻的以人为中心的设计理念，设计需要交叉学科的理论及方法。

国际标准化组织（ISO）提出了流程指南，ISO13407 交互系统以人为中心的设计过程，强调系统开发过程中的用户参与（ISO，1999 年）。用户参与设计过程起源于 20 世纪 60 年代斯堪的纳维亚的参与式设计。然而，参与式设计的概念和方法论至今仍未得到充分应用，其主要问题在于缺乏有效的启发用户知识的方法，以及连接用户知识和设计师知识的方法。用户仅参与一次开发过程，并不能实现有效的用户参与。

为了在用户和设计师之间维持持续的知识生命周期，用户参与需要演变成一种持续的知识共建的社会过程。

设计是设计师的学习过程，使用人工物是用户的学习过程。在整个知识获取周期内，这两个学习过程和它们之间的相互作用，形成了用户与设计师之间的知识共建。为了有利于他们之间的知识共建，许多设计研究问题必须从用户的知识、设计师的知识及他们的学习过程中进行回答。实践、用户与研究之间的知识循环，展示了一个包含用户、设计师 / 开发人员和研究人员的三向知识生命周期模型（图 1-13）。

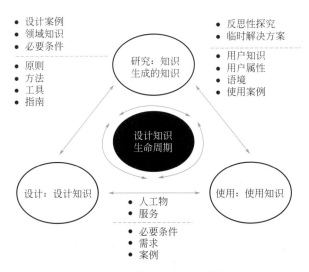

图 1-13　设计知识生命周期

（2）设计研究发展的阻碍与挑战因素

设计研究的发展一直面临着一些阻碍。一个阻碍源自设计范畴定义的不确定性。由于设计的作用是连接人类的需求和技术的可能性，所以设计涉及了许多不同的学科领域，如社会科学、信息技术和材料科学。这使得设计包含的观点、范围和方法变得多样化且不明确。此外，旨在实现人类体验的预期质量的总体设计目标，其内在维度的过度多样化，阻碍了明确的设计成功标准的引入。设计研究仍处于发展阶段的早期，当它试图采用传统的经验式或演绎式研究方法时，很难产生有意义的和可验证的结果。

另一个阻碍源自人类认知系统参与了设计过程和人工物使用过程。由于至今仍然没有针对人类认知过程的描述性或预测性模型，在追溯其他发展成熟的学科的研究发展过程时，设计过程研究、设计人工物的研究和使用人工物的研究遇到了根本性困难。设计研究这两个具有挑战性的因素，即设计作为跨越不同学科的创造性活动和解决复杂当代问题的以人为本的思想的重要性，已经激发并吸引了其他研究领域的研究兴趣，如认知科学、社会学、工程学和商科（Sato，2004 年）。设计作为跨学科的学科实践和普遍的人类活动，为跨学科的研究协作提出了许多问题、需求和机会。

（3）设计研究是研究事物发展的规律

① 信息化。人工智能、仿生设计、交互设计使制造正步入信息化时代。并行设计的支撑技术：CAD、CAE、CAPP、CAM，反向工程，快速出样技术，虚拟产品制造与虚拟产品开发，全面质量控制体系等（图 1-14）。

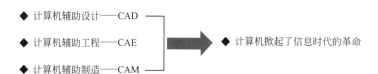

图 1-14　信息时代

工业化时代最高成就的自动化——机器生产机器；以计算机为依托的信息化时代——机器控制机器。开发设计趋向信息化，如多功能化——扩大同一产品的功能及使用范围；复合化——改进产品的结构，减少产品的零部件等；短小轻薄化——通过改变产品结构，减少产品零部件，缩小产品体积；智能化、知识化——把人们需要长期学习才能掌握的知识转化到产品中去；精神化——把人们对产品的需求从物质需求转化为精神需求；等等。

② 人性化。人机工程、体验设计、品牌设计等。

③ 生态化。把人类、人造系统与自然生态系统视为命运共同体的认识即是生态观，如绿色设计、可持续设计、情感化设计、服务设计等。

产品制造业是将可用资源和能源通过生产制造过程，转化为可供人们使用的生活消费产品的产业。在转化过程中，就要注意对环境的保护，绿色设计就是提倡绿色生产、绿色消费，是可持续发展的必然要求。

绿色设计通常也称为生态设计，绿色设计是减少环境污染或减少原材料、自然资源使用的技术、工艺和产品的总称。总之，绿色设计是面向产品整个生命周期，在这个周期内着重考虑产品环境属性，即可拆卸性、可回收性、可维护性和可重复利用性等。

/ 本章小结

本章核心问题是：为什么现在比以往任何时候更需要进行设计研究？

设计研究包括两个层面的理解：一是为特定设计项目拓展信息的实践，即设计实践研究；二是发展一个一般化、结构化知识体系的学术研究，即设计学术研究。

本课程侧重设计的学术研究。设计的学术研究也分为两类：一种是对设计行为的科学研究，称为"一般设计研究"，输出设计的元知识；另一种是对设计学科的研究，称为"特定领域设计研究"，输出设计的特定领域知识。设计的学术研究的目的，就是研究发展知识的机制并维持其知识生命周期，从而为设计实践提供可使用的知识平台。

本章回顾了设计研究的发展脉络，并强化以人为中心的系统研究视角和以人为中心的设计知识生命周期，进一步介绍了理论研究、方法研究、实验性研究、实地研究、案例研究等设计研究的典型类型。希望设计研究者能更清晰自己的使命，通过进行更有深度、更有价值的设计学术研究，提供更丰富、更广泛的设计实践理论。

/ 思考与练习

谈谈设计的发展：某一领域的研究发展，某一流派的设计发展，某一知名设计师或品牌的设计发展等。

实训案例："GOOD DESIGN"（见电子资料包 1）：本节资料包为学生作业，通过对好的设计的分析，了解什么是好的设计，好的设计有哪些要素。

第 2 章
/ 交互设计

/ 知识体系图

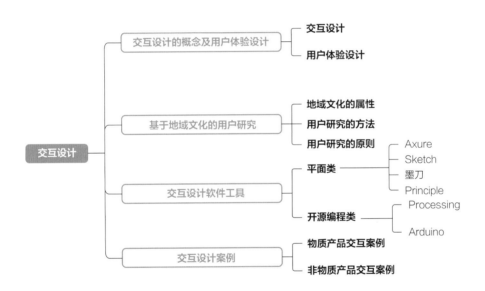

/ 学习目标

知识目标

针对交互设计进行总体讲解，了解交互设计概念、要素及方法；介绍交互设计相关案例及软件。

技能目标

提高学生独立思考、分析问题和解决问题的能力，以及交互设计实践能力。

/ 引例

20 世纪 80 年代，为了从人与计算机界面的关系中探索、解决人机交互的问题，"设计思维"被有意识地引入人机交互领域，交互设计概念顺势而生。

作为一种设计实践，交互设计概念和交互设计方法相辅相成。从方法论层面切入交互设计概念研究，探索交互设计的定义发展与要素，利用交互设计方法加以验证和补充，可为交互设计的认识与发展提供新思路，有助于深入理解交互设计的学科特征。

/ 2.1 / 交互设计概念及用户体验设计

2.1.1 交互设计概述

2.1.1.1 交互设计的发展脉络

交互设计（Interaction Design），通常缩写为 IxD，被广泛认为是一种融合互动式数字产品、环境、系统和服务的设计实践。

20 世纪 60 年代随着计算机的发展，交互设计首先以人机交互（Human-Computer Interaction，HCI）的形式，作为适用于设计数字产品的可用技术和工具出现。

1960 年，Liklider 通过分析人与电子计算机之间合作互动的一种预期发展，提出"人机共栖"（Man-Computer Symbiosis）的概念，成为现代计算机革命的基础。早期的人机交互关注的是人与机器，尤其是与计算机的交互。通过用户界面（User Interface），将使用者的行为传达给计算机，将计算机的行为解释给用户，重点始终放在识别和理解面向任务的计算机系统的可用性问题上。其内容与主要性质为计算机的使用和语境（Use and Context of Computers）、人的特征（Human Characteristics）、计算机系统（Computer System）、界面结构（Interface Architecture）及开发过程（Development Processes）。

1984 年，Bill Moggridge 提出了"交互设计"的概念。由于一开始只是想将软件与用户界面设计结合，所以命名为"软面"（Soft Face），随后在 Bill Verplank 的帮助下更名为"交互设计"，其重点是设计用户的技术体验，强调提升用户体验以改善人机的交互方式。

20 世纪 90 年代中期，交互设计仍处于相对边缘的阶段，研究重点主要聚焦于可用性（Usability）和人因工程（Human Factors Engineering），重点将心理学和人因工程学运用于创建有效且无差错的交互以支持工作任务的方法中。进入世纪之交，交互设计的概念开始流行。1999 年，国际标准化组织（ISO）发布了以人为中心的交互式产品设计原则和程序规范（Human-Centred Design Processes for Interactive Systems）ISO13407 为整个人机交互系统设计提供了以人为中心的设计流程与框架。这是一种更具设计性的方法，超越纯粹的实用性和效率，同时考虑到了使用的美学品质。

随着有形和物理计算技术的出现，在过去的十几年时间里，除了扩展用户界面之外，交互设计还将信息技术嵌入日常生活的新领域，以创造可以吸引人类体验的各种情感、视觉、动作、手势，以及各种相互关系的技术系统与产品。交互设计已从单纯的可用性和效率性研究转移到了趣味性、探索性和情感性的交互探索。

交互设计起源于计算机科学，其领域的复杂性结合了诸如人机交互、人体工程学、人类学、工业设计、信息学、应用物理和电子学等多元学科。

从初创到发展至今，国内外设计研究学者从不同视角都对交互设计的概念、范畴和组成要素进行了广泛的探讨。虽然尚未达成统一的交互设计定义，但是作为一门"设计学科"（Design Discipline），交互设计本质上还是通过模式、指南、组合、方法和工具等产生不同的创新生成类别，开发不同的用户体验交互方案，并为进行体验质量实证评估提供设计思维。

2.1.1.2　交互设计的概念

定义视角主要集中在技术（Technology）、行为（Behavior）和社会交互（Social Interaction）三个方面。

交互设计最初起源于人机交互领域，以技术创新与应用为主要目标，电子计算机、软件技术和物联网的兴起促进了交互设计的诞生。早期的交互设计定义侧重于技术视角，例如 Bill Moggridge（1984 年）最早就将交互设计定义为，对产品的使用行为、任务流程图和信息结构的设计，以实现技术的可用性、易于理解，以及以人们使用得更加愉悦为目标。

第二波交互设计浪潮（Second Wave HCI）是对行为活动的关注，以取代当时基于人为因素，例如以认知理论（Theories of Cognition）为主导的方法范式。这一阶段将行为理论作为交互设计的工具进行使用，重点在于将技术理解为人类活动行为的一部分。正如 Jodi Forlizzi 和 Robert Reimann 提出的交互设计概念，即交互设计是关于"定义人工物、环境和系统的行为"。这种观点侧重于产品的行为方式和基于与之互动的人们的行为提供反馈的方式。

促进产品间人与人的交流，以社会交互设计（Social Interaction Design）为焦点的交互设计成为当下最广泛的研究图景。如交互设计领域的先驱之一 McAra-McWilliam 强调，交互设计需要理解人，理解他们如何体验事物，如何无师自通，如何学习。辛向阳（2011 年）提出，交互设计是设计的对象，是人的活动，强调了"人"的重要性和对其需求的深层定义。

表 2-1　交互设计经典定义概念关注点比较

年份	提出者	定义	关注点				
			主体	内容	方式	对象	目的
1984 年	Moggridge	对产品的使用行为、任务流程图和信息结构的设计，以实现技术的可用性、易于理解，以及以人们使用得更加愉悦为目标	人	行为	技术可用	使用行为任务流程信息结构	愉悦理解
1997 年	Winograd	人类交流和交互空间的设计	人	—	—	空间	交流
2002 年	Sharp Rogers Preece	设计一种交互的产品来支持人们在日常生活和工作中交流和互动的方式	人	工作生活	支持	产品	交流互动
2004 年	Löwgren Stolterman	在现有资源约束下，为一个或多个客户创建、塑造和决定数字产品的所有面向使用的质量（结构、功能、伦理和美学）的过程	客户	结构功能伦理美学	创建塑造决定	数字产品	—
2007 年	Cooper	设计交互式数字产品、环境、系统和服务的实践	—	实践	设计	产品环境系统服务	交互
2007 年	Reimann	关于限定人造物、环境及其系统的行为设计学科	人	设计学科	—	人造物环境系统	限定
2007 年	Gillian Crampton Smith	通过数字界面塑造人类对工作、娱乐与休闲的新面向	人	工作娱乐休闲	形塑	数字界面	新面向
2010 年	Saffer	是关于人的，即人们如何通过他们使用的产品和服务与其他人产生联系	人	—	使用	产品服务	联系

续表

年份	提出者	定义	关注点				
			主体	内容	方式	对象	目的
2014 年	Alan Cooper	旨在规划和描述事物的行为方式和描述这种行为的最有效形式	—	行为方式 行为形式	规划 描述	事物	有效
2014 年	Benyon	开发高质量、适合人们及其生活方式的交互系统和产品	人	生活方式	开发	系统 产品	高质量 适合

从对交互设计经典概念定义关注点的分析比较（表 2-1）可以发现以下几点。

① 人或客户一直作为交互设计定义范畴的指涉主体，贯穿其中。

② 工作、生活、娱乐、休闲等生活方式，行为的方式与形式，使用质量（结构、功能、伦理和美学），以及设计学科与实践构成了交互设计的主要设计内容。

③ 采用了创建、塑造、决定、形塑、规划、开发、技术可用等设计方式。

④ 以产品、空间、环境、系统、服务、人造物与物质世界作为设计对象，进行产品的创造。

⑤ 以主体即人的愉悦、理解、交流、互动为主要设计目的。

（1）什么是交互

设计是一门尽力满足传达（Communication）要求的学问，设计师通过其"作品"向用户阐释其使用方法、效能、技术水平和文化背景等含义。"产品的电子化"使得这种"传达"的载体不再只是一个固化形式，而是一个需要用户参与的多态的响应式系统，用户对一件作品的理解，需要通过与"作品""交互"，即相互"传达"才能得以实现。

交互是人类生存和发展的需要，是人类和其他动物适应自然和繁衍进化所必需的能力。当系统将信息传送给用户，或用户将信息传送给系统时，交互便发生了。这些信息可以是文本、语音、色彩、图形、机械和物理的输入或反馈。我们通过直接与世界互动的方式感知这个世界，并且，与世界互动意味着可以探索世界提供给我们的多种的行为可能。

人机交互的先驱 Verplank（2006 年）强调以用户为中心，将"交互"需要考虑的问题分为感知（Feel）、认知（Know）、操作（Do）三个方面（图 2-1）。Verplank 强调以用户为中心，将"交互"需要考虑的问题分为三个方面：用户是怎么操作的，即用户用什么方式输入控制信息给机器；用户是怎么感知的，即机器输出信息的方式；用户是怎么认知的，即如何帮助用户理解机器运作的逻辑。

图 2-1　Bill Verplank 的人机交互范式

Winograd（2006 年）总结出人类与外界互动的三个模式，在虚拟的世界中同样适用：操控（Manipulation）、浏览（Locomotion）、对话（Conversation）。

第一种模式即轻松操控一个物件对象，无论是虚拟的、真实的还是虚实混合的。可以完成如开关切换这样简单的工作，也能够完成如控制无人驾驶飞机这样复杂的工作。机器被看作人的手脚能力的延伸、人的感知能力的延伸和人的思考能力的延伸。

第二种模式强调自由探索和非线性叙事。不同于传统的单向广播方式，比如一部电影，传统上只有一个结局，新媒体的信息架构和叙事方式很少是一条直线，观众可以自由地选择观看不同的故事发展线，而且由于采用了 360°全角度加上全景深拍摄，观众的视角也是可以随心所欲地改变的，观众可以进入电影里面，可以像玩游戏一样控制叙事的流程和方向。

第三种模式追求人和机器之间的无障碍沟通，最终实现人机关系的高度默契，如Norman（2007 年）所提出的一种未来的趋势——人机合体。

（2）为什么交互

人机交互扩展了人类感知、认知和控制外部世界的能力。理解人机交互的意义有以下几点。

① 交互扩大效能。人机对话方式的交互大大提高了系统的灵活性。把一些常用操作构建成用户指令，可以提高效率，释放了计算机作为通用设备的潜能。同时，人机对话的语言逐渐丰富，并越来越接近人类的自然语言。广义上人类的自然语言包括多个维度：如语言和诗歌等，绘画、字体、图表、图标、标志等，雕塑、建筑、日常用品等，声音、动画、电影、戏剧等。

对于人类感官和神经系统，视觉、听觉、触觉等多通道模拟量并行输入及识别处理是千万年演化而来的。已有的研究表明，人脑信息处理是多通道并行实现的，人脑处理声音和视觉，视觉中的色彩、形状、运动等信息分别由不同的脑区负责，但这些信息会融合在一起形成整体解释。相对于黑白无声电影，我们看彩色有声电影时不容易产生疲劳。

最接近现实经验的交互方式——自然用户界面（Natural User Interface，NUI）代表了一种发展趋势。交互方式不断趋向于适应我们对现实世界的经验（物理的、身体的、社会的），其中"自然"一词是指用户只需要使用日常的沟通方式，就可以实现人机交互，包括手势、动作、手写输入、语音、多媒体和多通道界面等，这些更加接近人们自然行为的交互方式，已经在很多特定场合中得到了应用。如图 2-2 所示是利用 VR 触控笔及 VR 眼镜进行的三维模型构建。

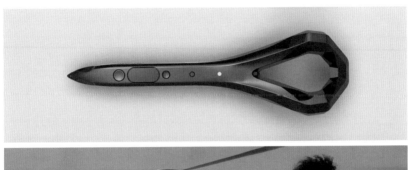

图 2-2 罗技 VR 触控笔

② 交互带来愉悦。20 世纪 70 年代初计算机图形处理和显示能力提升，在那些早期偏执狂用户、计算机狂热爱好者眼中，计算机是人类有史以来最复杂的大玩具，交互技术的进步使越来越多的普通人也能体会到这一点。现在，计算机甚至可以实现心理诊断和治疗，最新的研究表明计算机游戏可以用于治疗自闭症和抑郁症。

在很多基于地理位置的应用中，位置传感器和加速度传感器就是最自然的输入设备，整个地球表面成为一个触控界面。利用位置信息不仅可以使很多事情变得有效率，也可以实现一些纯粹娱乐性的效果。图 2-3 是一个利用轨迹记录功能通过跑步在地图上画图并在网络分享的应用，据说有人通过这个应用向其女友求婚获得成功。

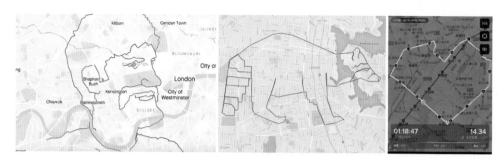

图 2-3　利用 GPS 和地图软件轨迹记录的画图

"人机交互"从一开始就已经显示出在满足人的精神需求、愉悦体验的创造等方面的巨大潜能。

（3）什么是交互设计

为什么人机"交互"需要"设计"？交互设计被定义为"对于交互式数字产品、环境、系统和服务的设计"。交互设计定义人造物的行为方式，即人工制品在特定场景下的反应。

最初一些设计师被召唤加入由程序员构成的团队，是为了美化一个软件或硬件的皮肤，为早就规划好了的软件或硬件设计界面外观。一个有表现力和吸引力的界面是交互设计工作的重要组成部分。但是应该认识到，这种合作方式使得设计师对很多整体上"设计"的考虑不周已经无能为力。设计师应该从全局性的"建筑空间规划阶段"参与整个项目，交互设计不应该只是最后表面涂装的工作（虽然这也很重要）。

不仅在设计领域，在计算机、软件工程、心理学和工业工程等领域，越来越多的研究者认识到设计思维的重要。决定了交互设计属于设计领域而非科学或工程的关键在于它是综合性的，描绘的是事物可能的样子，而非重点研究事物的工作原理。交互设计就是创造和改善技术与人的交流方式，不仅为了效能，也为了快乐和有趣。所以说，交互设计的范围是非常广的，各个学科都有涉及，如图 2-4 所示。

人机交互的原理随着研究的深入会变得越来越简明扼要，但无限的创意产生于不同的应用场景和需求。即使针对相同的应用需求，具体的信息传达方式亦有相当的"可塑性"，无论是硬件还是软件，很多时候既可以这样设计，也可以那样设计，这是交互设计的困难之处，也正是交互中"设计"存在的理由。正确的设计思维和工作方法可以使产品市场获得成功的概率大大增加。

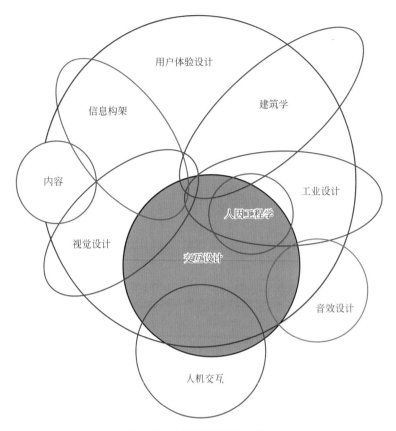

图 2-4　交互设计涉及的领域

交互设计更应该关注交互系统如何在宏观和微观层面改变人们的行为和生活方式。按照 Winograd（1996 年）的说法："现在我们不再要求设计师设计一个花瓶，而是设计一种欣赏鲜花的方式，一种体验的过程，这种方式必须是与人们的生活方式相结合的。"交互设计需要考虑文化适应性，一些交互设计项目从根本上颠覆现状，尝试超越现有需求，满足潜藏的需要，通过一些新颖事物的引进，转变当前生活状态，创造符合人性、令人向往的生活和行为方式；而另一些则逐步地优化现有的系统和做法，力求更好地适应当前使用环境、使用者特征和生活习惯。

因此，交互设计不仅需要对产品的行为进行定义，还包括对用户认知和行为规律的研究，一个好的交互设计本质上像一个成功的行为学实验。

2.1.1.3　交互设计方法

（1）基于"双钻设计程序模型"维度的交互设计方法

① 探索阶段的方法基本来源于设计领域常用的用户研究方法，例如民族学访谈、隐

蔽观察、经验取样法。

② 定义阶段的方法充分利用各种分类分析方法，例如亲和图、卡片分类、卡诺分析等，多方位地整合、聚类了探索阶段的成果，以期得出洞见，指导设计的开发过程。

③ 开发阶段的许多方法，例如SCAMPER核检表法，来源于敏捷开发方法和精益设计，可精确把控与实现整个交互开发过程。

④ 交付阶段，快速反复测试与评估、有声思维报告、网站分析等各种测试方法尤为突出，为满足快速测试的要求，各种原型测试方法成为主流（图2-5）。

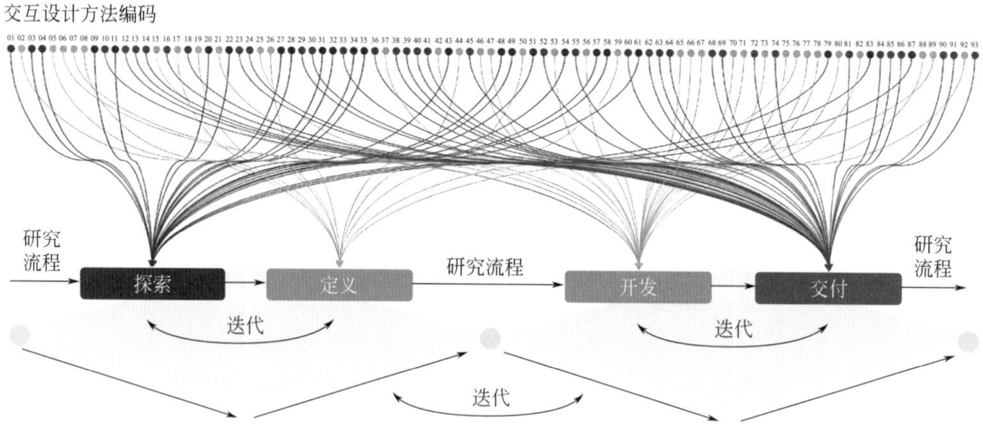

图 2-5　基于"双钻设计程序模型"维度的交互设计方法

（2）基于"量化-质化"维度的交互设计方法

分析基于"量化－质化"维度研究范式分类的交互设计方法，交互设计的定量方法有点击流分析、网站分析、任务分析等十二种；用于交互设计定性方法的有脉络访查、认知映射、认知过程浏览等五十五种；混合定性与定量的方法有自动远程研究、竞争测试等二十六种。

"量化－质化"这两种互补的研究范式与类型，在交互设计的设计周期中都扮演着极为重要的角色。因为在交互设计过程中，只有研究者对相关技术和用户行为有扎实的了解，才能在人机交互上提供最佳的用户体验（图2-6）。

① 从质化方法的角度看，虽然交互设计起源于计算机科学等以量化研究为主导的科学领域，但是质性研究方法还是占据主流。主要是因为设计本身作为一种创新过程，设计方法偏重挖掘交互行为本质，深度了解研究对象，即用户本质，使用创造性设计方法进行交互创新，并且设计方法始终是交互设计研究者的起点。

交互设计方法编码

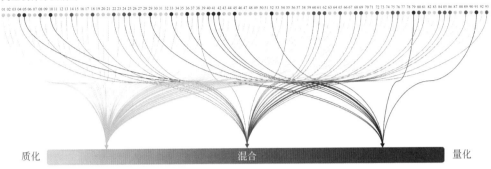

图 2-6　基于"量化－质化"维度的交互设计方法

② 从量化方法的角度看，量化研究的诸多方法，例如 BSC 平衡计分卡、关键绩效指标等来源于其他学科领域，针对交互设计的用户行为进行基础数据分析。随着测量技术、大数据等新技术的出现，以及眼动追踪、点击流分析和网站分析等方法的广泛运用，才使定量研究具备了真正意义上，在交互设计用户行为方面的概率预测与分析作用，但缺点是难以从背景噪声中发掘有用的交互设计洞察力。因此，在定性定量混合研究方法上，这类方法结合了量化与质化研究的优点，如内容清单和内容审核法，可以为定性数据提供完备的系统性方法。这一维度体现了交互的技术性依托，期望通过技术使设计物与人之间可以更加友好地沟通。

（3）基于 UACM 概念要素维度的交互设计方法

交互设计方法应用于研究用户要素的有用户体验审核、民族学访谈、访谈法等三十六种，应用于行为研究方法的有协同交互、参与式观察、参与式行动研究等二十一种，应用于语境研究的方法有组件分析、认知映射、场景分析、情景描述泳道图、情景法五种，媒介研究的方法有系统线框图、状态转移网络、前端软件开发等三十一种（图 2-7）。

交互设计方法编码

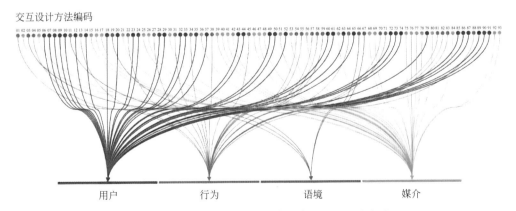

图 2-7　基于 UACM 概念要素维度的交互设计方法

① 用户作为设计研究的指涉主体，在以用户为中心的设计理念指导下，一直被广泛聚焦并被各种不同方法所探讨。

② 行为研究是交互设计的主要研究内容，"活动理论"（Activity Theory）与"以行为为中心的设计"（Activity-Centred Design，ACD）成为方法论的基础，在交互设计中理解人们如何使用产品，以及如何使用产品进行活动能更好地进行交互设计成为主要研究对象，因而行为研究方法一直在交互设计中被持续地探讨。

③ 媒介研究方法是以技术为核心，通过技术传达交互感知，因而，交互设计方法映射在用户、行为、媒介三个概念要素上较为均衡。

④ 语境概念要素对应的方法数量较少。交互设计发展过程中，从使用场景到环境再到语境的发展变化，使研究方法过于聚焦于产品的使用场景研究。在当下的交互设计研究和实践中，因为场景意义的变化、语境的内涵需要被进一步定义，所以交互设计语境的研究方法需要被进一步开发以适用于不同的设计环境。

（4）交互的设计创新和优化

人机交互的很多发明创造源自技术对人性的适配。本质上是通过设计思维实现的创新和优化，挖掘技术潜能，更好地满足人的需求。

① 交互设计的创新。交互设计创新属于"过程"创造或再造，是从未有过的"生活方式"，是对旧的方式的颠覆性改变。

互联网技术使我们获得超越物理限制自由探索的愉悦感。利用互联网技术创建虚拟社区和各种在线服务属于交互设计创新的一个热点。网络可以让背包客在地球的另一面预订又好又便宜的短租房间，在线上订购农场直供的生鲜产品，在网上组织虚拟的万人大合唱，并在线直播。

设计师不仅需要设计人与物之间的交互，也要学习设计人与人交流的新方式。利用网络低廉快速的平台，创建各种虚拟社区，使得人与人之间的交流沟通更加便利，使用户之间互相驱动、合作。比如现在的社交应用微信、抖音，学习平台慕课（MOOC）等。

基于互联网的服务设计（Service Design）属于交互设计的一个重要话题，利用互联网平台对传统服务进行流程再造。从在线支付、物流到出租车呼叫都出现了许多新的服务模式和系统，大大降低了社会总体成本。设计师们甚至尝试将设计对象扩大到政府公共服务，比如设计师可以在改善健康和教育服务系统的设计中发挥作用。设计师成为改进公共服务的帮手，帮助找到提供公共服务的新方法。

近年来，无论是混合现实（Mixed Reality）还是实体界面（Tangible Interface）技术都有了相当的积累，但如何巧妙地将技术的潜能发挥出来，需要合适的游戏形式以及设计师的匠心，如图2-8所示，LEGO Life of George 虚实结合的玩具，是运用了基于机器视觉的物体识别技术的手机游戏，它由现实与虚拟两部分组成：一部分是实体积木，用来搭建各种造型；另一部分是 App 客户端，用来提示任务和通过拍摄验证游戏者的造型任务完成度，并根据耗时给予积分，同时进入下一个游戏场景。

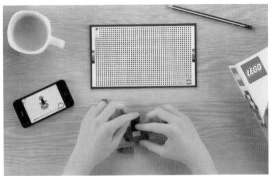

图 2-8　乐高 Life of George 玩具

运用得恰到好处的技术才是"高"技术。技术本身没有高下之分。如图 2-9 所示，德国艺术家 Julius Popp 创作的比特瀑布（Bit Fall），采用一排工业用电磁阀门控制水滴的断续，将水流变成点阵图显示矩阵，形成人物肖像、字幕和图案，现在这种艺术形式被广泛应用在了公共空间及商业场所等领域，如图 2-10 所示，水帘洞秋千（Waterfall Swing）采用了和比特瀑布相同的技术，当荡起来的秋千穿越水帘时，玩者不会被弄湿衣服，因为水帘会机智地散开。

图 2-9　比特瀑布（Bit Fall）

交互的设计创新需要有对技术的领悟力，但对人性的洞察力更重要，这就是以人为本的设计思维，从人的角度拓展技术的应用可能。一系列的概念创新都源自对人性的敏感，这需要一点运气，但更需要见识和厚积薄发的过程。例如快聊网 Snapchat 的主要创始人 Evan Spiegel 是斯坦福产品设计专业的学生，当他听到合作者布朗提出"阅后即焚"的想法后立即意识到这是一个"价值百万美元的创意",目前,该创意已经估值超过 150 亿美元。

图 2-10　水帘洞秋千（Waterfall Swing）

② 交互设计的优化。真正颠覆性的人机交互技术是很有限的,以键盘为基础的交互仍然是最普遍的。大部分场合,交互设计是对既有技术和设计的改良,也就是优化,信息产品的"柔性"使得"优化"可以伴随整个产品生命周期。

史蒂夫·乔布斯将 iMac 休眠灯的亮灭改为每分钟 12 次,使其看起来更像睡眠状态人的呼吸,事后所有用户都能体会到这一细微的调整所产生的感染力。当然,依赖经验有时不完全可靠,乔布斯在确定第一代 iPhone 的尺寸时,断言 3.5 英寸的屏幕最恰当,方便单手操作,事后证明,更大尺寸的智能手机更受女性的欢迎。这说明设计中有些问题不能仅仅依靠直觉判断,即使是一些非常感性的因素,比如一个配色或者开机铃声,有时也需要进行一定规模的用户调研后予以确定。

做好交互设计,一方面需要积累经验培养直觉判断力,另一方面也应该了解哪些设计决策必须基于数据分析和用户测试。在交互设计中有非常多的优化问题比较隐晦,设计师通常无法直接作出评价和判断,需要依赖数据分析和客观试验。

2.1.2　用户体验设计

2.1.2.1　什么是用户体验

用户体验是交互设计成败的关键,交互设计以用户体验为目标。然而什么是用户体验？在设计界和学术界至少有不下 20 种定义。

用户体验（User Experience，UX 或 UE），顾名思义，是"用户"的体验。国际标准化组织（ISO 9241-210，2008）定义用户体验为"个体使用或期望使用某产品、系统和服务的感受（Perception）和反应（Response）"。并进一步说明，用户体验包括用户使用前、使用中和使用后的情感、信仰、偏好、感受、生理和心理的反应、行为和成就。维基百科的定义：用户体验是指一个人使用一个特定的产品、系统或服务时的情绪和态度（Emotion and Attitude）。用户体验专业协会（UXPA）将用户体验定义为"用户与产品、服务和系统交互过程中感知到的全部要素。用户体验设计包含构成界面的全部要素，例如页面布局、视觉设计、文字、品牌、声音和交互等。可用性工程协调各个要素之间的关系，并为用户提供最佳交互体验"。可见体验在不同的语境中其含义有显著差异。

总体而言，体验是人们在特定的时间、地点和环境条件下的一种情绪或者情感上的感受。它具有以下几个特征。

① 情境性。体验与特定的情境密切相关。在不同的情境条件下，体验是不同的；即使是同一件事情，但是在不同的时间和环境下发生，给人的体验也是不一样的。

② 差异性。体验因人而异。不同的人对于相同事件的体验可能完全不同。

③ 持续性。在与环境连续的互动过程中，体验得以保存、累积和发展。最后，当预期目的达到时，整个体验不是结束，而是令人有实现的感觉。

④ 独特性。体验有自身独特的性质，这个体验遍布整个过程而与其他经验不同。

⑤ 创新性。体验除了来自消费者自发性的感受以外，更需要通过多元化的、创新的方法来诱发消费者的体验。

随着科学技术和社会经济形态的发展，人类迈入了"体验经济时代"。随着生活水平的提高，在消费物质产品的基础上，消费者更加关注的是一种感觉，一种情绪上、智力上，甚至精神上的个性体验。设计师应更加理解和关注以下几个方面。

a. 消费是一种过程，当过程结束后，记忆将保存对过去的"体验"。

b. 现代人愿意花更多的金钱及时间在愉快的"体验"上。

c. 愉快的体验能够促使人们形成对消费的忠诚。

时代经济，科技和人文精神承载物的产品（包括硬件产品和软件产品）设计，也越来越关注用户体验。设计师们已经逐渐认识到设计的表现语言并不仅仅是把视觉符号进行简单的演化和变形，更重要的是要研究人类的感情和知觉心理系统，使得设计的产品能够与人进行沟通和交流，满足个性体验。

对于用户而言，他们的体验是连续的。他们所理解的情感，并不仅仅是他们所能完成的，而是产品吸引了他们，以及他们是如何理解的。如果一件产品或者一个网站在视觉上、内容上很具有吸引力，他们将会有目的地花费更多的精力来理解和使用它。如果他们感觉这一产品或者网站很容易使用，也许他们会经常用它，并形成忠诚和依赖。

用户体验主要来自用户与人机界面的交互过程，其目的如下。

a. 对用户体验有正确的预估。

b. 对设计进行修正。

c. 保证功能核心同人机界面之间的协调工作，减少漏洞。

2.1.2.2　什么是用户体验设计

用户体验设计（User Experience Design，UED）是一项包含了产品设计、服务、活动与环境等多个因素的综合性设计，每一项因素都是基于个人或群体需要、愿望、信念、知识、技能、经验和看法的考量。在这个过程中，用户不再是被动地等待设计，而是直接参与并影响设计，以保证设计真正符合用户的需要，其特征在于参与设计的互动性和以用户体验为中心，以提供良好的感觉为目的。

Shedroff 对用户体验设计的定义为：它将消费者的参与融入设计中，企业把服务作为"舞台"，把产品作为"道具"，把环境作为"布景"，使消费者在商业活动过程中感受到美好的体验过程。作为一门新兴学科，体验设计的发展吸取了多个学科的知识，包括心理学、建筑与环艺设计、产品设计、信息设计、人类文化学、社会学、管理学、信息技术、计算机技术等。

在学术界，Garrett 认为，用户体验设计包括用户对品牌特征、信息可用性、功能性和内容性等方面的体验；Norman 将用户体验扩展到用户与产品互动的各个方面，提出了本能层、行为层和情感层理论；Leena 认为用户体验包括使用环境信息、用户情感和期望等内容。另外，可用性专业协会（UPA）每年确定一个主题召开年会，2009 年的年会主题为"Bringing Usability to Life"（为生活带来可用性），旨在让生活中的所有产品都很好地满足用户的体验。

在产业界，苹果公司一直以来都是公认的用户体验设计领域的领跑者，无论是其软件开发，还是硬件设计，都十分关注用户体验，体现以人为本的设计思想。华为将 2005 年定为"交互年"，聘请 IBM 等公司的专家讲授关于易用性和用户体验设计的知识，提升华为的设计能力；谷歌的用户体验设计包括研究和设计两个方向，基于互联网特点提出了快速可用性评估和测试技术、快速原型以及 A/B 测试等方法；阿里巴巴以及旗下公司也成立了用户体验设计部门，旨在通过用户研究协同各部门完善其服务；百度的用户体验设计部门强调提供给其他部门更专业更系统的用户体验信息，以完善和优化网络界面设计；腾讯于 2006 年成立了用户研究与体验设计中心，其职能在于"用户研究 + 体验设计"。

2.1.2.3 用户体验与产品创新设计

产品包括有形的产品（物质产品）和无形的产品（非物质产品）。设计赋予了产品意义与价值。

产品是"一组将输入转化为输出的相互关联或相互作用的活动"的结果，即"过程"的结果。在经济领域中，通常也可理解为组织制造的任何制品或制品的组合。产品的广义概念是指可以满足人们需求的载体。产品的狭义概念是指被生产出的物品。

物质产品是生产活动的结果，是具备实物形态和使用价值的产品。物质产品通常是有形产品，具有特定的形状。如图 2-11 所示，常见的如家用电器、元器件、机械、汽车、IT 硬件产品、家具等。

图 2-11　物质产品

非物质产品和物质产品相对应，通常是无形的，是社会后工业化或信息化的结果，可分为服务产品、软件产品等，如图 2-12 所示。

图 2-12　非物质产品：计算机系统及软件

设计的产品在使用过程中必将涉及人在产品的操作过程中的舒适性、方便性与乐趣等，它们涉及使用过程中人的自由、尊严、创造性发挥、个性满足与生命力的证明等重要性问题。在过去，产品设计把精力与目标集中在设计的"结果"上，即作为结果的产品物质性功能的制造，很少意识到在达到使用目的过程中的操作体验给人带来的正面与负面的影响。20世纪60年代，情感已经渗透到产品研究的多个领域，如市场、消费者研究、人机工程、经济和工程技术等。在市场研究中，研究人员要洞悉如何抓住用户的愉悦性或者消费体验；消费者研究则关注消费者的行为体验；在人机工程学中，情感理论被用来探索产品的使用过程，如学习、问题解决和动机等；在工程技术领域，感性工学方法被用来研究产品体验与产品属性之间的关系，以便设计出满意的体验。

相对于产品经济、商品经济、服务经济和体验经济，产品属性也由自然的向标准化再向定制化以及人性化的方向发展。产品体验设计的出现使设计对象突破了传统物质产品以追求实体建构为最终目的的局限，形成了对使用过程中体验性创造的设计，如迪士尼主题乐园、主题性餐厅、手持移动设备等产品的"体验设计"已经成为未来产品设计的风向标。

产品的用户体验包括多方面的表现，如主观感觉、行为反应、表现反应以及生理反应等。在核心情感中，体验的主观反应是有关变化的一种自觉意识；生理反应，如瞳孔散大和对酸甜苦辣的体验，是由于外界刺激所引起的伴随着情感体验一起发生的自律神经系统的变化；表现反应，如笑或者皱眉头，是伴随着情感体验一起发生的面部表情、言语和姿势的变化；行为反应，如奔跑、微笑、点头满意等，是用户体验变化的时候所作出的行为。

体验设计要求产品创新能够给人带来更加开放性和互动性的感受，实现人的自主性。产品作为"道具"和媒介，应该给予使用者更互动和更独特的体验，以获取充分的、人性化的体验价值。体验设计对于产品创新的重要性在于通过产品传达出对人的想象、内心体验、隐喻的注重和对人生存意义的关怀。在体验经济时代，产品创新设计开始追求"一种无目的性的、不可预料和无法准确测定的抒情价值"，大量的产品是"种种能引起诗意反应的物品"。

2.1.2.4　用户体验的要素

用户体验涉及多方面的要素。用户体验设计要考虑到人们的生理、心理和行为需求，设计效果达到与用户心理上的满足与共鸣。

（1）用户体验的五个需求层次

美国著名的人本主义社会心理学家亚伯拉罕·马斯洛于1943年在《人类激励理论》论文中创造性地提出了人的需求层次理论，他把人的各种需要分成五个层次，依次序上升，如图2-13所示。

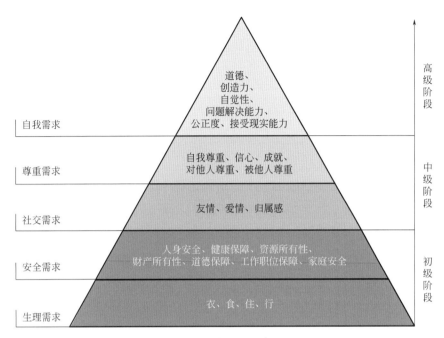

图 2-13　马斯洛的需求层次

就产品与人的交互过程来看，对于使用者而言，在必要的功能需求阶段，只考虑有形的产品、功能及特性，这是产品的传统需求；对于观赏者的感官需求而言，逐渐从注重实际的产品阶段，转化为享受无形的服务、某种风格或者意象，产品不只是让人一眼就能识别出来，而是与众不同，能够建立自我的社会形象；对于拥有者心灵层次的需求而言，人们是从无形的生活出发，谈情境、情感、感动、惊奇、自我价值实现。

在马斯洛关于人的五个需求层次基础上，发展出了如图 2-14 所示的用户体验的五个需求层次。

① 感觉需求。感觉是对产品或者系统的五官感觉，包括视觉、听觉、触觉、嗅觉和味觉，是对产品或者系统的第一感觉。

感觉是产品用户体验设计的第一步。当顾客对一件产品无任何使用经验时，其外观体验可能会对购买行为起决定性作用。外表美观、精致小巧、手感舒适的产品当然要比那些外观难看、笨重拙劣、质感粗糙的产品更受顾客的青睐。在排除价格等因素之后，相信大多数顾客都会选择前者。而当顾客曾经使用过该类产品时，产品的内在体验就会对购买行为产生更重要的影响。当然，同时具有较好外观体验和较好内在体验的产品肯定会成为顾客的首选。

为使产品更具有体验价值，最直接的办法就是增加某些感官要素，增强使用者与产品互相交流的感觉。因此，设计者必须从视觉、听觉、嗅觉、触觉和味觉等方面进行细致的分析，突出产品的感官特征，使其容易被感知，创造良好的情感体验。有证据表明，在审美上令人感觉快乐的物品能使用户更好地工作。使用户感觉良好的产品和系统会较易使用，并产生更和谐的结果。总结起来就是"美能影响物品的使用难易度"。

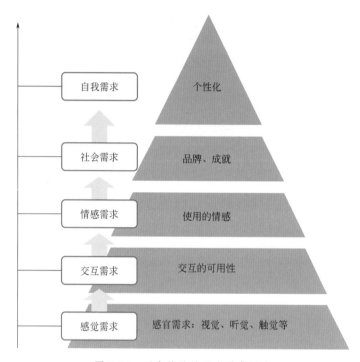

图 2-14　用户体验的五个需求层次

②　交互需求。交互需求是人与产品或者系统交互过程中的需求，包括完成任务的时间、效率，是否顺利，是否出错，是否有帮助等。可用性研究关注的是用户的交互需求，包括一件产品在操作时的学习性、效率性、记忆性、容错率和满意度等。交互需求关注的是交互过程是否顺畅，用户是否可以简单地完成他们的任务。

③　情感需求。情感需求是人在操作产品或者系统过程中所产生的情感，如从产品本身和使用过程中感受到关爱、互动和乐趣。情感强调产品的设计感、故事感、交互感、娱乐感和意义感。一件产品要有吸引力，要动人和有趣。

④　社会需求。在基本的感觉需求、交互需求和情感需求得到满足后，人们要追求更高层次的需求，往往独钟于某些品牌产品，希望得到社会对自己的认可。苹果笔记本电脑一直是设计人士的钟爱，而 IBM 公司的 ThinkPad 笔记本电脑（现在品牌归属于联想）一直是工程技术类商务人士的钟爱。

⑤　自我需求。自我需求是产品如何满足自我个性的需要，包括追求新奇、个性的张

扬和自我实现等。对于产品设计而言，需要进行个性化定制设计或者自适应设计，以满足用户的多样化、个性化需求。

在设计过程中，要在这五个层次上满足用户的体验需求，其涉及的相关设计理论和方法如图 2-15 所示。

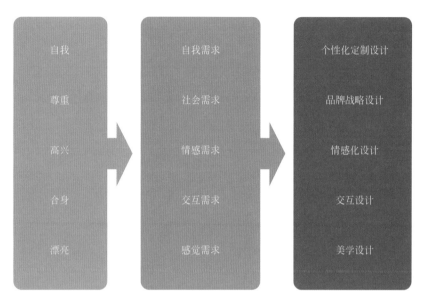

图 2-15　用户体验需求五个层次对应的相关设计

（2）本能 - 行为 - 反思三个水平

Norman 将设计分为三个水平，即本能水平（Visceral）、行为水平（Behavior）和反思水平（Reflective）。

本能水平的设计关注产品的外形，包括视觉、触觉和听觉等，是指即刻的情感效果。行为水平的设计关注的是产品的操作，讲究的是效用。优秀的行为水平的设计包括四个方面：功能、易懂性、可用性和物理感觉。反思水平的设计关注的则是产品的形象和印象，注重信息、文化以及产品或者产品效用的意义。

用户体验设计需要将这三个水平结合起来，统一考虑，如图 2-16 所示。用户体验设计要更加关注用户的需求、用户的审美以及用户的快乐，将设计建立在与用户的情感共鸣之上。在产品的设计中，设计师应该充分考虑三个层次的需要，将技术、功能、外形、材质、色彩和象征等因素作为产品编码的重要组成部分，编写形码和意码，同时融合产品的行为和反思层面，考虑产品的美观、易用性、心理感受和象征意味等，设计出人性化的产品。

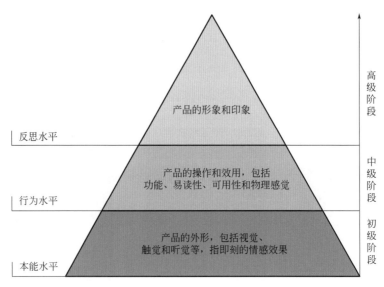

图 2-16　本能水平、行为水平和反思水平的满足

/ 2.2 / 基于地域文化的用户研究

2.2.1　地域文化的属性

2.2.1.1　什么是地域文化

随着各地经济的迅猛发展，对地域文化的关注显著增强，为从地域文化中寻觅经济社会发展的原动力，很多政府机构以及企业愿意沉下心来做地域文化研究。文化总是和一定的地域相联系的，失去了特定的地域，或者特定地域的人，文化将成为无源之水、无本之木，所以单纯地谈论文化是没有意义的。当然通常意义上文化和地域文化相比较而言，前者范围较广，涵盖的内容较多，后者指向明确，有明确的时空限制。

自古以来，对于地域文化的概念存在很多争议，学术界对于"地域"和"地域文化"有不同的解释，概括起来有以下几种代表性的观点。

① 地域即古代沿袭或约定俗成的历史区域，地域文化又称区域文化。

② 地域文化也就是文化区。认为世界上无论何种文化，因其创造者无不生活于具体的地区，这些文化也就莫不带有地域性特点。

③ 地域文化是指一定地域内文化现象及其空间组合特征。认为地域文化的发展基础是人类赖以生存的地理环境，在文化的形成及发展中，地理环境通过影响人类活动，而对文化施加影响。

④ 地域是一个多维概念。首先，地域作为一个区域性的概念，它必须具有相对明确而稳定的空间形态和文化形态；其次，地域又是一个历史的概念，因而涉及时间和传统；再次，地域是一个比较性的概念，因此必定要有某种可比较的参照物或参照系；最后，地域又是一个立体的概念，自然地理或自然经济地理之类可能是其最外在、最表层的东西，再深一层如风俗习惯、礼仪制度等，而处于核心的、深层（内在）的则是心理、价值观念。因此，在进行地域文化研究时，必须把它看成是一个有机的整体。

⑤ 地域特指文化区域。地域既不是一个单纯的地理概念，也不是指行政区域的划分，而是特指文化区域，即在一定历史阶段形成的、相对于其他地区有自己文化传统的文化区域。形成这样的一个文化区域，与历史传统有关，也与其所处的地理自然环境有关。

⑥ 地域文化也就是特色文化。所谓地域文化，是以自然环境和地形地貌为标志形成的特色文化，这种地域文化十分明显地制约和影响着人们的生活方式和思维习惯。

⑦ 地域文化不是一个简单的地理概念，而是一个文化时空概念，一般是指具有相似文化特征的某个区域及其文化生成的历史空间。因此，地域文化具有文化的普遍性、群体性、继承性和渗透性四个基本特征。

综合以上观点，可以概括出地域文化的概念：地域文化指"在一定的地域范围内长期形成的历史遗存、文化形态、社会习俗、生产生活方式等"，即在一定空间范围内特定人群的行为模式和思维模式；而不同地域内人们的行为模式和思维模式的不同，导致了地域文化的差异性。

2.2.1.2　地域文化的特征

文化是通过生活中的点滴积累，慢慢演化而成的。因为在不同地区，文化的形式与特点各不相同，所以各地形成了独特的地域文化。地域文化通常有两个重要的特点：①地域性和民族性突出，不同地区、不同民族的文化形式千差万别；②传统性和变化性交织，随着历史条件的变化反映了特定的时代特征。

地域文化作为可贵的文化财富，给当前的产品设计领域带来了生机与活力，突出表现在地域文化中的价值取向、社会心理、风俗习惯等因素对产品设计有着重要影响。文化靠设计来传播，而设计是文化的体现，是文化现象的反映。通过设计可以对旧文化进行合理改造，使之成为新的文化。因此，在当前的产品设计领域，随着国际化风格的日益强盛，我国的设计师已经开始关注地域文化，并将尊重传统和当地文化特色作为责任，充分考虑当地历史文化的传承和发展需求，以期最大限度地赋予产品文化含量和艺术价值。文创产品设计就是其中比较有代表性的例子。发展地域文化特色不仅是设计领域的必然趋势，更是传统文化创新设计的热点话题。

2.2.1.3　地域文化与设计的关系

在当前的产品设计中，国际化的风格已成为一大趋势。世界上的文化逐渐趋于同一化，在不知不觉中，一些发展中国家的地域文化和本土特点被取代或遗失了。这一现实背景给设计师以沉重的打击，将地域文化融入当代产品设计中的愿望日益迫切。所谓的地域文化是指特定区域的生态、民俗、传统、习惯等。文化在一定的地域范围内与环境相融合，被打上了地域的烙印，从而具备了独特性。地域文化与设计的关系十分密切，甚至相辅相成。作为设计师，完全可以撷取地域元素和地域文化，借用设计的逻辑思考，通过实现对地域文化或地域元素的转化来进行文化产品的设计实践。在这一过程中，设计师要尊重传统和当地文化特色，将特定区域的生态、民俗、传统、习惯等加以展示，通过具体的设计载体，展现美好的生活。

在文创产品设计中，地域文化与产品的关系主要体现在以下几个方面。

① 在外形上，文创产品设计与地域文化结合得十分巧妙。例如，具有浓厚地域特色的几何纹样，经过文创产品设计师的设计，即可增加很多的变化。尤其是那些几何纹和花纹的结合，构成了特殊的形态。将结合后得到的纹样置于乐器、刀具上，精美的纹样可以很好地装饰产品的外形，兼顾实用性和审美性。

② 在材质上，文创产品设计多会优先考虑地域文化元素，结合地域性强的材料进行设计制作。在具体的设计过程中，设计师不会简单地拘泥于使用地域材料，还会适当地借鉴一些经典元素，加以丰富和提升。这有效地促进了文创产品材料的升级与效果的升华。

③ 在工艺上，文创产品设计同样会从地域文化的角度出发，尽可多地借鉴一些特色工艺进行制作，如桂林本地的漆器、团扇等。这有助于形成有别于其他文创产品的独特特点。

④ 在技术应用上，将文创产品与交互结合，通过交互式的互动让用户掌握产品的主导权，同时建构一个更大的以"互联网＋"为基础的线上互动式文创体验店；有些博物馆会引进智能大屏幕、AR 等设施与观众进行交互式互动，而这些沉浸式互动更便于学习新的知识或者满足趣味化游览等需求。

2.2.1.4　数字文创交互产品

伴随数字创意产业的发展和更多新兴数字技术的使用，数字文创产品的形式也在日渐多样化。与传统文化创意产品不同，数字文创产品不再局限于实物产品，而是更多出现在会展领域、虚拟现实领域、产品可视化领域等。

在数字文创交互产品设计中，设计者的情感输出以及用户的情感体验是一种潜在的交互内容，情感之间的传递与交互影响着数字文创产品的层次感和真实感。在数字文创产品设计中，文化情感的叙述影响着参与者是否有效接收设计者所想传递的思想，从而获得参与感和认同感。好的数字文创产品必然需要寻找、剖析用户与文化内容本身可能存在的共鸣点。这会影响整个交互过程是否能达到"知君何事泪纵横"的效果。

对于观众与数字文创设计产品的交互行为，为了达到更好的文化内容与情感传递效果。强调个体性有助于加强观众个人与设计之间的联系，增加观众的存在感和对设计内容的关注度，从而帮助他们更好地去理解设计内涵并进行独立思考。强调特殊性一方面有助于提高用户体验，当用户个人特征与设计之间存在共通处时，其交互过程的结果也是具有特殊性的。这会使用户有独一无二的体验，也增加了产品的优越性。另一方面，强调特殊性有助于增强文创产品衍生品的多元化。数字文创品可以说改变了传统文创产品的表现形式。这种新型表达方式不仅可以扩展文创产品的品类，也可以增加用户对于文创产品的参与度，使文创衍生品应用个人化，使衍生品风格在整体的基调下又保持了特殊性。这两种方法可以使用户在情感影响下更自主地与产品所传递的概念建立精神上的联系，同时也满足了不同用户的不同需求。

在竞争激烈的市场环境里，数字文创产品中的情感体验成为用户选择的内在驱动，越来越多的设计师开始关注产品中的情感体验。从用户体验的角度思考创新，更容易发现用户痛点，提高用户的认可度。获取用户体验需求的方法仅靠科学研究和证明还远远不够。更多的体验需求来源于对用户市场选择偏好的分析。探索适用于不同用户的交互方式，通过不断迭代的产品和服务来满足用户的实在需求和潜在需求。当下我们应该追求文化和产业的双重价值，创造更有文化含量、更有精神内涵、更有温度的数字文创产品，有效传播好中华文化的深刻内涵，而不是把关注点放在华而不实的外在"包装"上。

2.2.2　用户研究的方法

技术是为人服务的。技术是如此有诱惑力，以至于有的从事技术研究的人忘记了技术的目的是服务于人的兴趣和需求的。

事实上，某些技术问题相对容易被解决，尽管受到时间和经济可行性的制约。然而，要迎合人们的需求是比较困难的，不管是通过技术手段，还是其他途径。用户体验不是计算机技术，而是用户行为与感觉的设计，其中当然也包括了计算机技术的内容。这就要求我们在产品开发的前期，注重用户研究，弄清楚用户真正需要什么。我们需要研究用户，是因为用户最终决定是否购买或者使用产品，而不是设计师或者工程师。

2.2.2.1 用户是谁

在开发产品时，我们要明白：用户是谁？我们为谁设计？他们需要什么？

产品是为广大的用户所使用的。开发人员和设计师的想法并不等于普通老百姓的需求，所开发的产品不一定贴近生活。因此，我们要站在用户的角度来思考问题和开发设计产品。

当着手开展一个新项目时，你的第一要务通常是了解产品（如果已经存在）及其涉及的领域和目标用户。在项目初期尽可能多地了解现有产品和其领域知识、竞争对手和客户，这会使你不必花费时间来创建已有的知识。你可以从一系列渠道获得这些重要的信息：试用自己的产品，聆听客户反馈，社会情感分析，日志文件和网络分析，与市场部门交流，竞品分析，或是从极客用户或合作伙伴那里获得反馈。此外，你需要评估现阶段对于用户的理解，并开始创建用户画像。这些信息将帮助你选择合适的用户研究方法来提高产品的使用体验。

在一个产品的开发过程中，我们不应该把用户仅仅定位为最终用户。事实上，开发者、主管、投资方、合作伙伴和商业用户等所有在产品定义、开发、实现和运营中所必须面对的群体都是用户。所以，当我们实施"以用户为中心"的方案时，我们需要考虑的是更多的用户。

回到产品设计本身，我们需要明白产品最直接面对的是谁，最终为谁设计。尽量把目标对准最终用户，这是产品的主线索，同时也是传达和沟通的主线索。

用户有自身的特点，在产品开发设计之前，我们应该了解他们的这些特点。

① 背景。用户背景信息，如年龄、职业、喜好、受教育程度、工作等。

② 动机。是什么需要驱使用户来使用这件产品。

③ 特性。用户关心产品的哪些特性。

④ 情境。用户在什么情况（内在与外在因素）下进行操作。

⑤ 行为。用户如何与产品交互。

⑥ 目标。用户最终想要得到什么。

⑦ 习惯。用户一般的操作或使用习惯，比如左／右手操作、阅读文字大小习惯等。

⑧ 期望。用户的期望是什么？在操作前或操作不能满足后的期望又如何？

作为设计师或开发者，首先要避免为自己设计，要忽视自己头脑中已经存在的认知和行为模式而使用另一个人（用户）的认知和行为模式，或者通过新建一个记忆通道来更好地避免这个问题。这个记忆通道越饱满就越不容易错位，设计的目的就越准确。

当我们明白了产品直接面对的是谁（最终用户）的时候，我们就要开始将用户的角色变得丰富和鲜活。首先就要尽可能地去了解用户群体，然后从用户群体中归纳和总结，防止设计和用户的需求脱离。用户和需求的关系是一个相互验证、相互制约的关系。

同时，我们还需要对用户进行有效的分类。针对不同的水平，满足不同层次的用户体验需要。

按照不同的体系标准，不同研究者对用户有不同的分类方法。

① 外向型和内向型。外向型用户注重外部刺激，喜欢变化和行动；而内向型用户喜欢采取熟悉的方式工作。

② 感知型和直觉型。感知型用户善于做精细的工作，喜欢使用熟悉的技巧；而直觉型用户则思维奔放，喜欢解决新问题。

③ 理解型和理智型。理解型喜欢了解新的形式，但对于作出决策可能有困难；而理智型用户喜欢做周密的计划。

④ 根据使用计算机系统的频度和熟练程度，可以将用户分为偶然型用户、生疏型用户、熟练型用户和专家型用户，目前这一种分类比较流行。

由于用户具有知识、视听能力、记忆能力、可学习性、动机、易遗忘和易出错等特性，使得对用户的分类、分析，以及考虑以上人文因素后的系统设计变得更加复杂化。为设计友好的用户体验，也必须考虑各类不同类型用户的人文因素。

2.2.2.2　用户研究方法

做用户研究的最终目的是更好地了解用户，使得开发的产品能够满足用户的体验，为用户服务。那么我们真正想了解的内容是什么呢？针对要解决的不同问题，对用户开展研究的方法是不一样的，复杂程度也有不同。

一般来说，用户研究方法有两大类：定性研究和定量研究。

① 定性研究。定性研究（Qualitative Analysis）是一种探索性研究，它通过特殊的方法和手段获得人们的想法、感受等方面较深层反映的信息，主要用于了解目标人群有关态度、信念、动机、行为等方面的问题。定性研究是一个发现问题的过程，主要回答"为什么"之类的问题。定性研究可以发现群体用户中普遍存在的一些问题，以及一些个案。

② 定量研究。定量研究（Quantitative Analysis）是采用大量的样本数据来测试和证明某些事物的研究方法，通过分析大量的数据来找出具有统计学意义的趋势，并且用以更加确信地反映全部用户的真实情况。

定性研究可以指明事物发展的方向及其趋势，却不能表明事物发展的广度和深度；可以得到有关新事物的概念，却无法得到对事物的规模的量的认识。定量研究恰好弥补了定性研究这一缺陷，它可以深入细致地研究事物内部的构成比例，研究事物规模的大小以及水平的高低。定性研究和定量研究互为补充。定性研究可以作为定量研究的前提和基础，定性研究是对定量研究的支持和补充。

如果针对用户自身的特点和反应来分类，则可以分成生理研究、心理研究和行为研究三种形式。

① 生理研究。借助一定的仪器设备，通过研究用户的生理性指标，如肌电、脑电、眼动、血液等，了解用户对某一事物在生理上的反应。

② 心理研究。通过心理量的测量，如感性意象、态度等，了解用户在内心对事物的看法。

③ 行为研究。通过观察用户的操作、日常行为等方式，了解用户在行为上对某一事物的反应。行为研究分为自然状态的行为研究与实验室行为研究等形式。

事实上，一般的研究都是结合多种方法开展的，单个指标很难反映用户内心真正的想法，只有通过对多个指标的综合研究，才能较为全面地了解用户的所想与所做，挖掘内心的需求与期望。

用户研究的方法有很多，例如：问卷调查、讲故事、用户访谈、感性意象、认知走查、口语报告、焦点小组、实境研究、参与式设计、群体文化学、用户观察、脑电研究、肌电研究、眼动跟踪等。下面我们针对一些主要的思想与方法进行介绍。

（1）以用户为中心的设计

以用户为中心的设计（User-Centered Design，UCD）是一种设计产品、系统或者服务的思想，它将使用产品的用户置于开发中心。事实上，很多的设计理论和方法都是以 UCD 为基础的。

在产品开发过程中，这一思想可以提升潜在用户的积极参与性。UCD 的目的是确保开发的产品在市场上具有竞争力，正如用户所理解的那样，能够提高生活和工作质量。UCD 起源于工业设计和人机工程学领域。亨利·德雷夫斯（Henry Dreyfuss）是 20 世纪初期美国最早的工业设计师之一，1955 年出版了著作 *Designing for People*，对 UCD 进行了阐述，并对 UCD 进行了总结：在与产品的沟通过程中，如果人们感到更加安全，更加舒适，更加有购买的欲望，更加高效，或者更加幸福，那么设计师就成功了。

随着 UCD 的发展，设计思维也逐渐发生了转变。人们逐渐从将感知设计作为解决问题的活动，转向将它理解为新的机会中的社会结构。这一转变使得用户逐渐成为工业中驱动创新和战略决策的关键合作者，而不仅仅是被纳入项目中帮助解决问题，用户在设计过程中扮演共同研发的角色。

针对 UCD，IBM 公司提出了以下设计原则。

① 设立商业目标。决定目标市场、目标用户以及主要的竞争者。

② 了解用户。了解用户并将用户包含进来，对于开发设计来讲是至关重要的。如果

要用户来理解开发的产品，那么，设计师首先要了解用户。

③ 评价竞争性。优秀的设计需要了解产品的竞争性及其客户。一旦理解了用户的任务，设计师还要了解竞争对手的解决方案，并且与自己的进行比较。

④ 设计全过程的用户体验。用户所看到的、接触到的所有事物都要由经过知识整合的团队进行设计，包括产品的推销方式、订货、购买、包装、维护、安装、管理、文档化等。

⑤ 设计评价。在产品开发的早期以及过程中经常获取用户的反馈，这些反馈能够驱动产品的设计与开发。

⑥ 通过持续的用户观察进行管理。在产品的生命周期中，持续地观察和聆听用户，并且将反馈传达到相应的部门以作出市场改变，提高竞争力。

（2）问卷调查

问卷调查是以书面形式向被问人提出问题，并要求被问人也以书面形式回答问题的搜集事实材料的方法。问卷调查能够更容易收集到目标用户的诸多信息，并形成量化的统计数据。但是要注意的是，所有数据都是来自用户自己的陈述，而不是完全的实际行为，用户所回答的问题答案，也不一定就是他们的真正所想。

问卷有结构问卷与非结构问卷的区分。结构问卷是指对问题的答案范围加以限定，是被问人只能在限定的范围内选择答案的问卷。非结构问卷则不限定答案范围，是被问人可以按自己对问题的理解自由回答的问卷。结构问卷与非结构问卷各有优点和不足。结构问卷答案形式标准化，对回答可以作定量分析，不足之处在于被问人不能充分表达自己的意见。非结构问卷则相反，其优点是被问人可以自由表达自己的意见，但是不同被问人的答案，可能五花八门，难以作定量分析。

例如，有下面两个问题。

① 你对 ×× 手机的界面设计风格有什么看法？

② 你认为 ×× 手机的界面设计属于哪种风格？

　　　　　□ 商务　　　□ 运动　　　□ 个性　　　□ 中庸

第一个问题属于非结构问卷题，第二个问题为结构问卷题。当然，一次抽样问卷调查中，可能同时包括这两种问卷题。

问卷调查一般分为以下几个步骤。

① 确定调查对象。首先要确定调查对象，调查对象的选择和数量对于调查信息的全面性和准确性十分重要。用户体验与产品创新设计的目标是要收集最大范围的用户数据，因此，要扩大调查范围，涵盖尽可能多的目标用户。

② 设计调查问卷。问卷调查的效果主要取决于问卷设计的质量。因此，要想取得好

的效果，就必须在问卷设计上下功夫。设计问卷开始时要根据研究目的和调查中所了解的情况，先从总体上对问卷进行构思。在总体构思中要对设计问卷的目的、问卷结构的整体框架、问卷的项目、问卷题的数量、问题及答案的表述方式、问卷的使用对象及适用范围等方面进行考虑；然后把每个方面的要求具体化，逐项拟制成问卷题，再将所拟制的不同问卷题按照一定的要求加以编排；最后把问卷的前言、填写说明、问题及答案等不同部分组合在一起，形成一份完整的问卷。

针对研究目标，尽可能保持问卷的简短性和易理解性，保证用户能够较准确地回答所提出的问题，并保证高效、轻松。尽量让上下两个问题之间自然衔接，这样用户在回答问题的时候比较有条理。

③ 展开调查。调查的形式有现场调查、分发、邮寄和网络调查等。

④ 数据统计与分析。去掉回收的问卷中一些信息不全的所谓废卷，针对有效问卷进行数据统计与分析。统计和分析的方法有很多种，可以借助数理统计的方法进行。当问卷规模较大时，也可以对有效问卷进行抽样分析。

（3）用户访谈

要真正了解用户的体验感受，还需要询问用户，与他们交谈，这就是用户访谈（Interview）。访谈法是研究者通过与受访人进行有目的的口头交谈，以搜集事实材料的方法。在了解人的思想、观点、意见、动机、态度等心态时，可以通过访谈得到真切的资料。

访谈法在许多学科的调查研究中广为使用。用户访谈是定性研究中最容易获取反馈的一种方法，它通过较少的投入就可以获得用户对于（新）产品的想法。可用性研究的用户访谈不同于其他类型的访谈，它更加正式和标准，在访谈过程中完全不需要被试反过来提出问题。

用户访谈法则有明确的目的，是求访者有意安排的谈话，交谈的内容和方式方法都是求访者在交谈前就计划好的。若访谈的目的不明确，谈话内容不提前计划，交谈中不讲究方式方法，都难以获得好的结果。

（4）讲故事

讲故事是最古老的，也是最有效的体验方式之一。它可以描述个人的想法，并创造知识。让用户来讲故事，可以发现其中蕴藏的大量信息。故事并不是娱乐，而是将一些难以理解的概念、信息或者说明变得更加容易理解的一种方式。

讲故事有多种不同的形式，讲故事成功的最重要的两个特征是可靠性和相关性。可靠性并不代表不能进行虚构。许多故事的成功，是因为它们能够适应周围环境的变化，并考虑到了受众的反应。事实上，讲故事的形式可以是比较有趣的，也有可能是傻得可笑的，但也并不总是令人愉快的。

讲故事一定要有观点，无论是讲故事的第一个人（讲故事的本人），还是第二个人，或者第三个人，大多数故事都要求至少有开始（有助于理解背景）、中间（故事本身）和结尾（指出故事的意图、寓意或者教训等）。背景、人物、风格、目标和主题都很重要，但是如果没有目标和很好的表达作为基础，故事是讲不好的。

（5）群体文化学

群体文化学（Ethnography），又称为人种志学、民族志学。作为文化人类学的一个分支，传统的群体文化学是描述某个社会群体和阶层文化的学科，主要是通过实地调查来观察群体并总结群体行为、信仰和生活方式。在产品研发中，群体文化学结合了新的技术来观察、记录和分析社会形态，它不再仅仅是描述性的，而且是预测性的；它可以预测用户对于产品特征、造型、材质、色彩、使用方式、购买等的偏好。群体文化学关注人的行为、生活方式与文化之间的联系。

从文化学的角度来看，任何社会群体都依靠不同的群体角色、角色地位、文化规范以及同类价值意识而存在。一个社会群体或一个文化圈要想生存和发展，就要按照相同或相近的价值目标进行互动。群体的这种价值期望使得他们按照自己的文化规范和价值意识对产品的设计提出了不同的要求和期待。因此，产品的设计能否被认同、接纳，关键看这种设计本身能否体现该群体或文化圈的文化规范、价值取向。消费者在购买商品时，不仅仅是购买商品的使用价值，而主要是购买商品的附加价值（即能满足消费者感情需求的附加功能）。因此，研究群体文化学有助于了解用户的感性需求和隐性知识，可以帮助决定产品应该拥有的品质。

（6）参与式设计

参与式设计（Participatory Design）发展于 20 世纪 70~80 年代的斯堪的纳维亚，它使得工人有权影响他们正在使用的技术。参与式设计最早是一种政治运动，当时系统研发者与工会联合起来，努力提高工作场地的民主性。在 20 世纪 80 年代后期，参与式设计在美国盛行起来，并从政治性领域发展成一种实用的设计方法。邀请用户参与到设计过程中，比赋予他们权力去影响他们即将使用的工具要好得多。通过知识的不断积累，参与式设计增加了设计的创新，使得新的解决方案更加流畅。

在参与式设计当中，主要的挑战是如何使设计师和用户进行顺畅的合作。由于参与者拥有不同的专业、背景和习惯等，因此就会存在着一定的差异。参与式设计通常通过工作坊（Workshop）的形式进行，参与者花费一定的时间共同来构筑情境和讨论。研究者们也开发了一系列的方法，如图片、故事、表演、游戏和原型等，来激发参与者表达他们的需求，并获取反馈和建议。这些方法通常都比较好玩、快速和富有激情，目的是让用户沉浸在设计当中，并确保他们以后还能参与进来。

（7）行为观察

行为观察是通过感官或借助仪器，进入用户的工作或者生活环境中，观察他们在自然状态下的工作和生活，得到一些用户在访谈中没有说出来或者他们不愿意分享的事实；也可以在实验室条件下，观察和分析用户使用产品的情境，提取用户的行为特征。行为观察是获得感性材料的基本方法，它既可以帮助我们观察到最自然状态下的行为和典型的目标，也可以帮助我们了解用户的观点与认知同目标和行为之间的关系。

观察可以从不同的角度加以分类。若按观察时观察者的感官是否直接接触被观察对象进行分类，则有直接观察与间接观察之分。直接观察是指对观察对象的直接感知所进行的观察，其优点是真切、生动、方便，可留下深刻的印象，但其局限性表现为对过小、过大、过暗、过亮、过远的对象和被掩蔽的对象都无法进行直接观察。对这类不能直接观察的对象，人们可以借各种观测工具进行间接观察。

观察还可按被观察对象是否处于受控制状态而分为有控观察和无控观察。有控观察是指对被控制的对象所进行的观察。在实验室中进行的研究，多属于有控观察。有控观察的优点是能够按照研究者的意愿控制某些条件，以观察被控对象所发生的变化，这种观察最有利于发现事物变化的因果关系；不足之处是被观察对象在这样或那样的人为限制下，他的行为和活动会受到干扰，所获得的事实材料自然会受到这样或那样的影响。无控观察又称为自然观察，是指对处于不受人为影响的自然状态下的对象所进行的观察。在自然观察中被观察者没有意识到自己正在被人观察，其行为和活动不受拘束，因而容易得到真切可靠的事实材料；其不足之处在于观察者必须等待所要观察现象的发生，因而需要有较长的观察时间。

观察还可以按是否事前确定观察的目的、内容和步骤而分为结构观察与非结构观察。结构观察是按计划的观察，这种观察目的明确，内容具体，观察步骤清楚，甚至用什么工具进行观察和记录都有具体规定；非结构观察则只确定观察的目的而不预先设定观察的内容、步骤和方法。在对观察对象与实际情况不了解的场合一般多采用非结构观察。

行为观察的主要基本步骤如下。

① 预约。预约就是提前和用户约定好，用户同意我们在他们使用产品时在旁边观察，并按照他们日常的使用方式来进行演示，同时可以问他们问题以帮助理解。

② 现场挑选。挑选用户的使用场景，或者设计实验室环境，同时减少无关因素的干扰，以便对用户的操作以及日常行为进行观察。

③ 观察与记录。在观察过程中，通过视频将用户的举止行为记录下来。适当的时候，还可以让用户用口语阐明自己的操作行为。

④ 数据分析与整理。对获取的视频数据或者信息进行分析与整理，提取用户的行为特征，形成分析报告。

（8）基于场景的设计

在产品设计中，场景（Scenario）就是关于未来产品使用环境的故事。场景最早应用于军队和商业情境中，来预想未来会发生的事情，以便采取措施来应对。现在，场景被广泛应用于交互信息系统、家电和服务等设计中。在产品的生命周期中，场景对于产生和表现创意、辨明用户需求，以及评价创意和设计原型是非常有用的。

对于设计而言，场景最大的优点是能够将使用情境嵌入产品的表现中。在使用情境中，参与者能够判断产品适合于谁，应用在什么地方，产品的使用目的，以及产品的功能如何。场景能够呈现任何水平的交互，从产品的特定功能交互，到社会文化情境中人的交互。

（9）焦点小组

焦点小组（Focus Groups）是结构性的小组访谈，可以快速、经济地揭示目标受众的愿望、经验和优先次序。如果主持人组织得好的话，焦点小组是揭示人们对于给定的主题在思考什么，尤其是怎么样思考的一种很好的方法。

焦点小组早期叫焦点访谈，被作为一种社会研究方法发展于20世纪30年代，在第二次世界大战期间被用来研究士兵的生活状况，在20世纪50年代被用来研究市场的发展。因此，焦点小组也许是研究用户体验最古老的一种方法。焦点小组的成员是从产品的目标用户中经过挑选的一群人，讨论的主题主要集中在关于产品的想法和感觉上。

焦点小组可以用来产生点子，区分产品特点的优先次序，以及了解目标用户的需求，从中可以获得人们评价最高的特征，以及理由。作为最具竞争力的一种方法，焦点小组可以揭示竞争对手的产品或者服务中最具价值的地方和缺点。有时，甚至可以揭示产品或者服务的全新竞争对手，或者应用领域。

通过在短时间内获取大量的第一手资料，焦点小组可以为研发团队提供最早的、可靠的依据来分析产品及其用户需求。同时，作为一种可以观察的、有形的和言论自由的方法，可以吸引公司里那些长期从事产品开发，却没有机会或者时间来参与用户体验研究的人员，调动他们的积极性，发掘和聆听产品或者服务的优缺点。

焦点小组的目的不是推断，是理解；不是普遍化，而是确定一个范围；不是去声明某一类人群的特点，而是提供一些有关人们如何理解他们情境的见解。

2.2.3 用户研究的原则

无论是采用访谈、问卷还是现场可用性测试，都离不开和用户的交流。而交流的目的，就是让用户或主动剖析或被动流露出我们需要的信息。所以，在交流过程中，问题是至关重要的。

（1）问题要通俗易懂无歧义

一个产品的交互设计和逻辑，就是产品经理和用户沟通的桥梁。哪怕用户丝毫不懂交互设计、数据结构、配色布局，他也可以知道这个产品的好坏。

但用户研究的过程就不一样了：在问用户的过程中，千万要保证对方接收到了正确的问题和信息。

（2）设置问题要注意利益相关性

第一个方面，是指不要让问题的结果对被调研者的生活产生影响。如果用户因为我们的调研渠道或问题设置而惧怕反馈负面消息，那么我们的调研结果的参考价值也是大大下降的。

第二个方面，不要对用户有强指引性，以免让用户因为指引而没有反映出真正的问题。

（3）在适当的时候给出引导

这一点看似和第二点矛盾，但其实可以算作第二点的补充。在用户研究正常进行的情况下，我们当然不需要进行干预和引导。但如果用户遇到困惑或者表现被动，就需要我们适当进行引导，否则用户研究将无法继续。

/ 2.3 / 交互设计软件工具

在进行交互设计时要依据工作环境和项目时间的不同，选择合适的交互输出方式至关重要。与开发和设计人员合作时没有人会在意设计工具是什么，而是只关心交互输出物自己能否看懂。

依据开发平台或项目内容的不同可以使用不同的设计工具进行输出，这时候针对不同的项目情况选用合适的交互工具和输出方式成为交互设计师必不可少的工作内容，这样会更直观，让查看文档的人更易懂。

随着互联网的快速发展，大家对交互原型的重视越来越大，针对原型制作的工具也是层出不穷。从以前的软件功能强大而且庞杂到现在的一些精巧易用的软件，甚至有直接的线上制作工具。

下面介绍几种常用的交互设计工具，结合这些工具可以快速产出交互输出物并表达诉求。

2.3.1 平面类

（1）Axure

Axure 是一款专业的快速原型设计工具。功能强大而且复杂，几乎可以完美呈现交互原型，让负责定义需求和规格、设计功能和界面的设计者能够快速创建应用软件或Web（万维网）网站的线框图、流程图、原型和规格说明文档。作为专业的原型设计工具，它能快速、高效地创建原型，同时支持多人协作设计和版本控制管理。

在制作PC端原型图上非常有优势，Axure拥有强大的编辑功能，可以将常用的交互和组件打包，自行制作素材库，这是它的优点。利用Axure高效的交互控件制作Web端交互设计，Axure 可以通过简单的逻辑完成网页交互需要的基础交互动画，快速制作小样，如图 2-17 所示。通过 Axure 自带团队协作托管模式或上传至第三方托管平台来实现交互文件的线上共享

图 2-17　Axure 操作界面

（2）Sketch

Sketch 是最常用的设计工具，界面简洁干净，上手容易。最适宜用于移动端设计，

可以快速铺设出美观的交互图，使用效率要优于 Axure，可以实现手机预览。在最新的版本中还加入了简单的页面跳转交互，无论是移动端还是 Web 端都可以完成交互的设计，如图 2-18 所示。

图 2-18　Sketch 操作界面

实用的 Library 及 Plugins 极大地提高了设计效率，Symbol 的运用简化了重复内容调用的工作也减轻了后续修改工作，第三方插件的开发和控件库资源使设计更方便。

高效率的画板功能。Sketch 首创了画板功能，可以在同一页面中设置多个画板，极大地提高了工作效率，并且做起页面来也更直观。可以把整个板块的页面和交互状态放在一个页面中方便自己修改。画板还可以随意创建大小（图 2-19）。

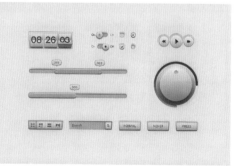

图 2-19　Sketch 交互案例

（3）墨刀

墨刀是一款在线原型设计与协同工具，操作简单易懂，很容易上手，如图 2-20 所示。线上操作，避免了存文件的麻烦。可以说它结合了 Axure 和 Sketch 的优点，既能够实现简单的交互动画，页面又有一定的美观性和自由度并且配有图标库，实现了一个交互设计师大部分的需求（图 2-21）。但是问题也很明显，如果对页面美观及统一性要求不高或交互跳转比较简单是可以使用的，一旦交互变得复杂墨刀就无法满足需求了。交互跳转和动画操作不如 Axure 简便，页面布局自由度和画图难度方面又不如 Sketch。

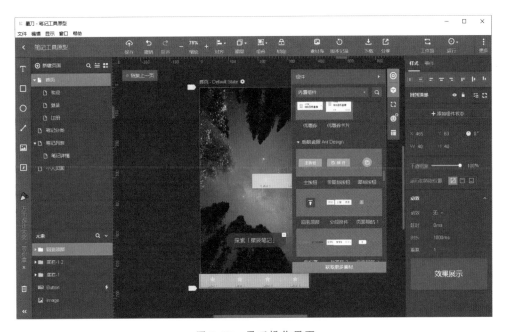

图 2-20 墨刀操作界面

图 2-21 墨刀交互案例

（4）Principle

Principle 是一款轻量的、具有强大功能的动效设计软件，如图 2-22 所示，根据鼠标的点击和移动，图标会发生变化；2015 年由苹果公司的工程师 Daniel Hopper 开发，有基于 iOS 底层核心框架的 Core Animation 动画效果。界面和 Sketch 如出一辙，支持 Sketch 文件导入，无缝衔接，是 Sketch 的最佳拍档。它有对应的 iOS 镜像 App，Principle Mirror 可以直接预览动画效果。

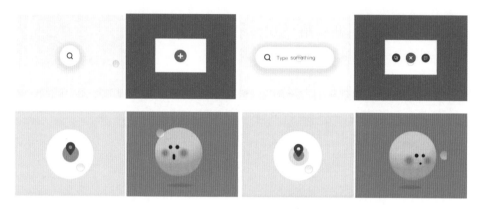

图 2-22　Principle 交互案例

2.3.2　开源编程类

（1）Processing

Processing 即图形设计语言，是一种具有革命前瞻性的新兴计算机语言，它的概念是在电子艺术的环境下介绍程序语言，并将电子艺术的概念介绍给程序设计师。

Processing 可以用三个标签来总结：编程、视觉、易学。所以可视化是 Processing 的传统艺能项目。Processing 将 Java 的语法简化并将其运算结果"感官化"，让使用者能很快享有声光兼备的交互式多媒体作品，如图 2-23、图 2-24 所示。

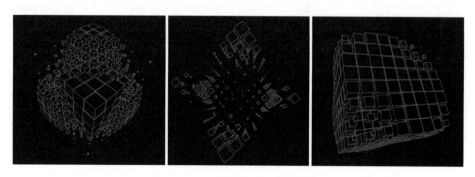

图 2-23　Processing 动态旋转案例

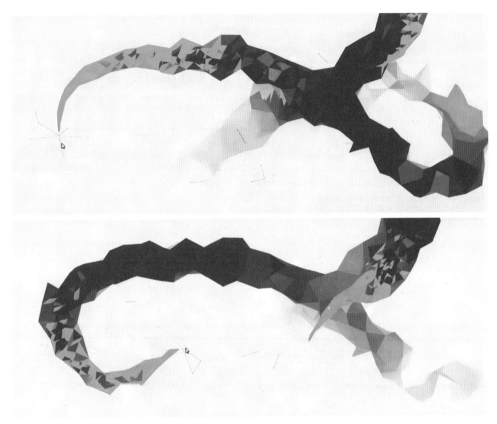

图 2-24　Processing 网页案例（跟随鼠标的移动，产生不同的形态，增加互动性）

（2）Arduino

Arduino 是一款便捷灵活、方便上手的开源电子原型平台，包含硬件（各种型号的 Arduino 板）和软件（Arduino IDE），由一个欧洲开发团队于 2005 年冬季开发。Arduino 能通过各种各样的传感器来感知环境，通过控制灯光、马达和其他的装置来反馈、影响环境。板子上的微控制器可以通过 Arduino 的编程语言来编写程序，编译成二进制文件，烧录进微控制器。对 Arduino 的编程是通过 Arduino 编程语言（基于 Wiring）和 Arduino 开发环境（基于 Processing）来实现的，如图 2-25、图 2-26 所示。

Arduino 不仅仅是全球最流行的开源硬件，也是一个优秀的硬件开发平台，更是硬件开发的趋势。Arduino 简单的开发方式使得开发者更关注创意与实现，更快地完成自己的项目开发，大大节约了学习的成本，缩短了开发的周期。因为 Arduino 的种种优势，越来越多的专业硬件开发者已经或开始使用 Arduino 来开发他们的项目、产品；越来越多的软件开发者使用 Arduino 进入硬件、物联网等开发领域；大学课题，自动化专业、软件专业，甚至艺术专业，也纷纷开展了 Arduino 相关课程。

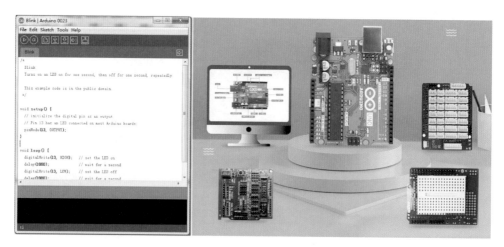

图 2-25 Arduino 软件及硬件

图 2-26 Arduino 履带机器人

Processing 和 Arduino 结合能做各种类型的人机交互装置和人机交互实验，如图 2-27、图 2-28 所示。

图 2-27 模拟娃娃机

图 2-28　与 LEGO 结合的光感晾衣架

/ 2.4 / 交互设计案例

2.4.1　物质产品交互案例

交互设计是工业设计的一个分支，交互设计的思维方法建构于工业设计以用户为中心的方法，同时加以发展，更多地面向行为和过程，强调过程性思考的能力。目前关于产品界面的交互设计比较流行，但除了界面，交互设计还有一个重要的方式就是行为。好的交互行为能拉近产品和用户的关系，给用户更好的体验。

如图 2-29 所示是来自 ZAN DESIGN 的 HENGPRO 衡灯，屡获国际大奖，创新的交互方式给乏味的生活带来一丝乐趣，简洁而又有禅意的灯框内，两条绳子搭配两个小球，便构成"衡"，HENGPRO 衡灯改变现有台灯的开关方式，将放置底部的小球向上抬，两个小球相互吸引，达到平衡状态，灯被点亮，侧面触摸切换冷暖光，调节光亮。

如图 2-30 所示是来自 ZAN DESIGN 的 Balance Lamp 旋灯，一盏不安分的灯，可立于平面上，轻轻拨动旋转，最终达到平衡状态。趣味的操作方式，平衡了设计与艺术。即使不照明，依旧是充满设计感的存在，陀螺般的设计，如同艺术摆件，优越的平衡感可以随意立在任何角落。桌边、桌角、笔记本上、指尖、笔尖……挑战简单的居所，给生活平添意趣，只为更好的体验。

如图 2-31 所示是 Joe Fentress 设计的一款互动灯具。他在设计时摒弃了电子系统，选择通过手动进行灯光的明暗调节，从生活中的折纸结构寻找灵感，强调产品与人的互动性。

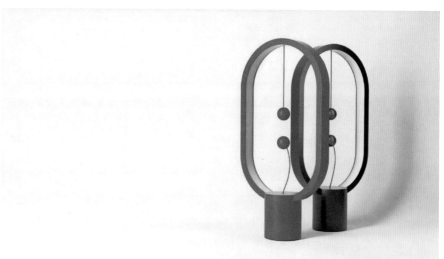

图 2-29　HENGPRO 衡灯

图 2-30　Balance Lamp 旋灯

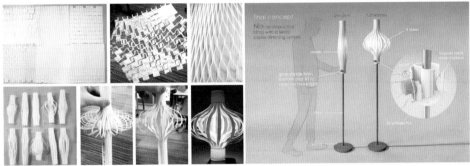

图 2-31　nio 灯具

温度计一直给人冰冷、抗拒的感觉，如图 2-32 所示是设计师 Mads Hindhede Svanegaard 设计的一款 Fevr 温度计，它注重产品与人的情感交互，温度与卡通表情相联系，给人一种亲切感，同时拉近了产品和用户的关系，让产品有了温度。

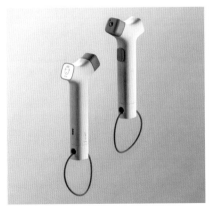

图 2-32

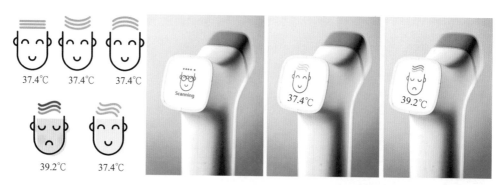

图 2-32　Fevr 温度计

　　如图 2-33 所示，Wind Up 灯外观上与普通的立灯没有区别，但在触发开关上，设计师从吹泡泡中获得灵感。要激活灯泡时，用户只需像吹泡泡一样吹在专用插座上即可。这一设计增强了用户与灯具的交互性，也更加有趣。

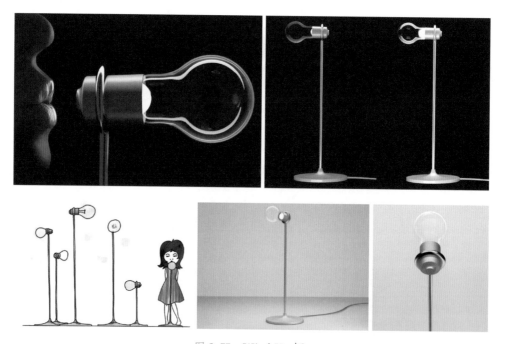

图 2-33　Wind Up 灯

　　如图 2-34 所示，名为光之秘密（Secret of Light）的灯不仅可以迎合用户的童心，还能为用户的家增添一抹亮色。这款灯的设计灵感来源于蒲公英，灯具内置运动传感器，只要轻轻摇动就可以开启。当你需要关闭它的时候，只需把它想象为蒲公英，对它吹一口气，你就能看到上面的灯有次序地熄灭了。

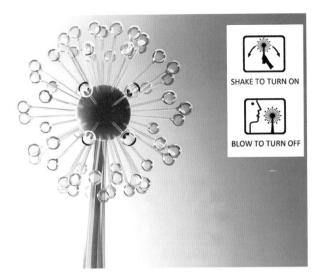

图 2-34　光之秘密（Secret of Light）

　　如图 2-35 所示，是一款交互式音响，将视觉和触觉元素与音乐结合，使欣赏音乐从传统的"听"进一步扩展为"看""触"的感官体验。将视觉元素与触觉元素结合，Dropin 创造了多种多样的音乐，进而使用户欣赏到更丰富的音乐，听力受损的人也可以通过触觉、视觉感受并享受音乐。

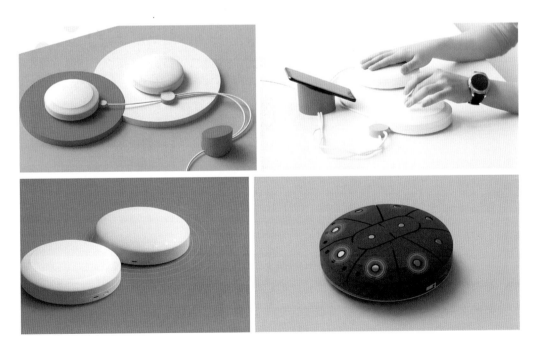

图 2-35　Dropin 交互音响

如图 2-36 所示是一种形式简单的台灯，可以通过切换角度调整亮度。在水平位置上，灯亮度是 0，当按顺时针方向旋转灯管时，灯逐渐亮起来，直到灯管垂直时达到最亮。可以在任何喜欢的位置停止运动，以创造更平静的氛围，或者在灯光下打开灯来照亮房间。这个灯的运动，提醒了人们天空中的太阳路径——它越高，就越明亮。

图 2-36　RA 台灯

如图 2-37 所示，Smaller Queiter 是一个音响。用户可以通过滑动，使锥体更大或更小，来简单地控制音响的音量。

如图 2-38 所示是 James Vanderpant 设计的交互灯具，手触摸过的地方便会亮起来，随心所欲点亮组成你想要的形状，还能拼接成自己喜欢的形状。

如图 2-39 所示是无须弄脏墙壁即可随意涂鸦的墙。这款涂鸦墙采用硅树脂作为底衬，上面覆盖了 65000 块厚厚的聚丙烯纤维块。用手轻抚，墙体表面的"绒毛"便会伏倒，让墙壁呈现出各种不同形状的阴影图案。

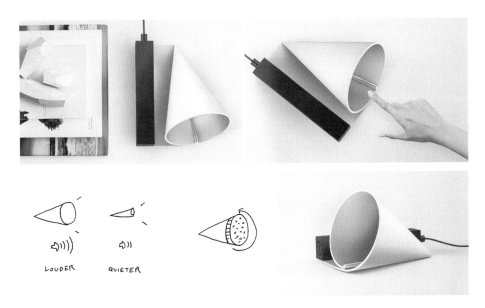

图 2-37 Smaller Queiter 交互音响

图 2-38 交互灯具

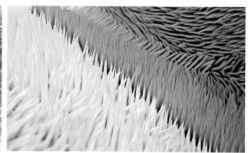

图 2-39　纤维涂鸦墙

2.4.2　非物质产品交互案例

　　设计界所指的"非物质设计"是凭借计算机、互联网的使用而产生的与工业时代的物质设计相对的另一类设计形态，其存在方式、设计对象、设计手段、设计产品的功能和形式都经历了从物质到非物质的转变。"非物质设计"以互联网为依托，开拓了一个虚拟的数字化的设计新领域。交互设计是网络发展到一定程度后的产物，它融合了数字处理技术、现代通信技术、网络传输技术、多媒体技术等学科知识，具有明显的跨学科"杂交"的形态，它的交流方式主要是通过数字图形和声音信号在国际互联网上传播。

　　非物质是未来设计的发展趋势：从物质的设计转变为非物的设计，从产品的设计转变为服务设计，从占有产品转变为共享服务；非物质设计不拘泥于特定的技术材料，而是对人类生活或者消费方式进行重新规划，在更高层次上理解产品和服务，突破传统设计的作用领域，去研究人与非物的关系，力图以更少的资源消耗和物质产出，保证生活质量，达到可持续发展的目的。

　　如图 2-40 所示是一款为警犬和警犬训练师设计的通信设备——K100，作者是 Lu Zheng、Pontus Edman。从本质上讲，这个双向装置是一个在警犬背上安装的摄像头，可以为绑在 K9 军官前臂上的接收显示器提供实时信号。它的目的是让人们更好地了解领头警犬在前线看到了什么。同时，这款设备也为警犬与训练师之间提供了交流的途径，可以帮助训练师在紧张的环境下安抚警犬的情绪，以便其更好地完成任务。

　　如图 2-41 所示是一款基于市民体验的清扫车。它可以通过多个传感器和智能算法自动工作。与当前的机器不同，它的设计使其具有未来感和亲和力，并确保市民可以零距离安全地与它接触。它更像是一个移动信息终端，而不是清扫机。公共部门可以用其获取许多城市数据，例如天气、环境、噪声、交通等。它也可以用于发布公告、安全巡逻，甚至提供交通指南。市民可以用它玩游戏、聊天、查询信息。它将成为市民和公共部门的新宠物和助手。

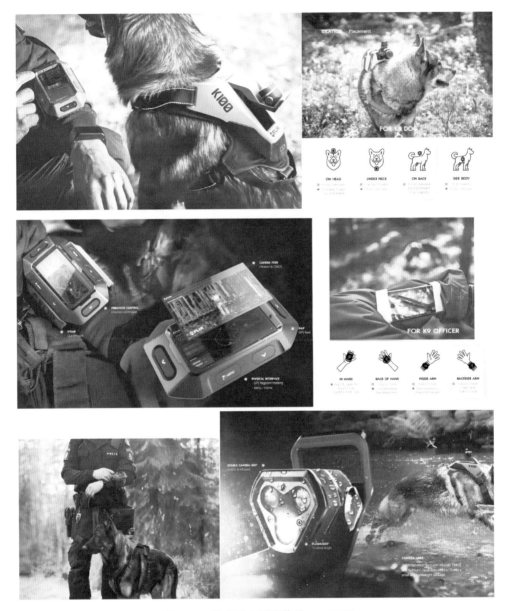

图 2-40　警犬双向通信装置——K100

　　如图 2-42 所示是一个可以不需要全部重新改造就能让儿童病房区变得活泼有趣的墙。一个孩子们喜欢的环境能给生病或者受伤的孩子提供他们需要的娱乐，这不仅包括他们看到的还有他们能玩的，游戏区、有交互的展示区域和电子游戏这些东西让他们感到真正的不同。澳大利亚非营利医疗机构 Cabrini 旗下的一家医院就在多媒体设计工作室 ENESS 和设计公司 DesignInc 的帮助下，拥有了一面可以互动的墙壁——LUMIS 系统。LUMIS 互动墙壁平时与普通的木板墙没有什么不同，但是当有人经过时，就会产生灯光互动，感应灯光嵌在木板内。LUMIS 互动墙壁共有 15 种互动主题，并且根据昼夜划分，比如到了晚上才会出现的猫头鹰就会让经过的小朋友们感到惊喜。

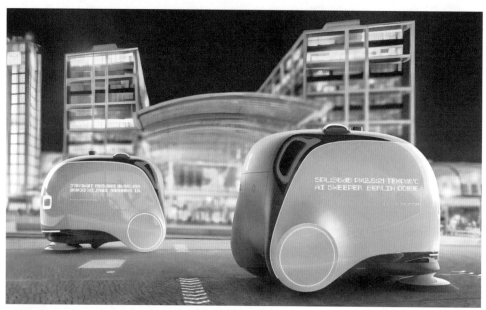

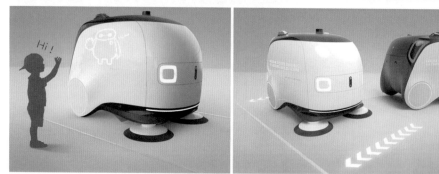

图 2-41　交互式智能无人扫地机

　　如图 2-43 所示是一个舞池，通过灯光、音乐和 LED 灯光显示板的配合可以演绎出多种风格的舞蹈与表演。

　　如图 2-44 所示是一个音乐捕捉器，可用它体验如何以物理形式捕捉音乐。它反映了一种想法，即从身体和情感上将音乐波动的声音转化为物理和视觉制品。

图 2-42 儿童医院 LUMIS 互动墙壁

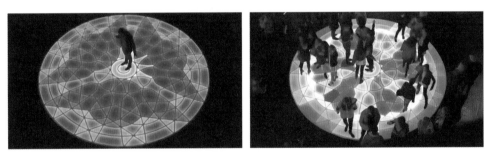

图 2-43 互动舞池

图 2-44 Sound sculpture 音乐捕捉器

如图 2-45 所示是一款磁流体演示仪，巧妙地通过控制磁性液体的磁致相变效应，实现对语音、面部表情以及音乐的实时模拟与互动演示，多元的科普演示和互动模式可以提升用户的体验感与参与度。该设计将艺术与科学融合，可以向青少年和公众科普磁致相变效应，增加青少年对科学的了解，让他们能够感受到科学的奥秘与艺术的魅力。同时，磁性液体演示仪具有艺术观赏性高、互动模式多样、科普性强的优势，能够准确、形象地展示科学原理，搭建起前沿科学与普通公众之间的桥梁。

图 2-45　磁流体（Magnetic Fluid Demonstration Device）演示仪

如图 2-46 所示是一款桂林电子科技大学的电子办公文创产品，通过 AR 技术，实现办公的语音输入、视频会议记录及播放、文件打印、文件扫描等功能，增加产品的交互性，提升办公效率。

如图 2-47 所示，通过虚拟仿真技术，进行工程机械技能培训及训练，可提供多种虚拟仿真地形场景，训练不受时间、场地、天气等条件的限制，极大程度上优化了设备的使用频率，减少了资源消耗和物质产出。

图 2-46　印山系列 AR 智能办公文创产品设计

图 2-47　挖掘机 AR 训练

　　当用户打开一个网站或应用程序时，他们首先注意到明显的设计元素是徽标、颜色、图标、插图和图像。虽然这些元素确实有助于提升整体用户体验，但它们的背后实际上是一个更大的难题——交互设计。

　　下面列举几个网站和应用程序的交互案例。

　　如图 2-48 所示，和朋友分摊账单并不像看上去那么容易，尤其是当你更喜欢视觉而不是数字的时候。这个应用程序可输入总账单，选择消费的百分比，然后看看每个人会支付多少。这个设计最好的部分是，你不需要手动调整每个人的部分，也不需要不断更新每个人的份额，你只需要在应用中调整每个人的部分，数字就会自动为每个人重新计算。

图 2-48　Split Bill Interaction 分摊账单应用

　　如图 2-49 所示，在大多数电子商务网站，你必须导航到一个完全不同的网站版块，或应用程序的其他部分才能查看你的购物车。有了这种交互，只要你点击"添加到购物车"按钮，就可以立即看到你的物品"飞"进你的购物车。即使你浏览网站的其他部分，购物车也会在一旁继续显示你的物品。

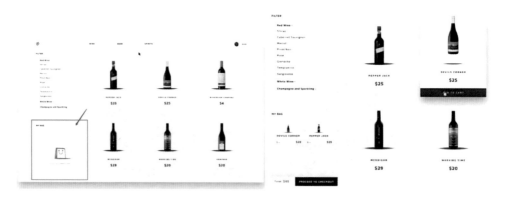

图 2-49　网站购物板块优化

　　如图 2-50 所示，当我们点快餐时，有无数种方法可以定制你的汉堡。当你在智能手机上点餐时，在一个小屏幕上选择每一种食材可能是一项灵巧的练习。Tasty Burger App（美味汉堡）应用程序的这个 UI 概念通过按类型包装配料简化了订购体验。不同于显示一长串奶酪、农产品、肉类或小圆面包的各种可能的变化，你需要首先单击配料类别（如奶酪），然后才会显示不同的类型。

第 2 章 | 交互设计

图 2-50　Tasty Burger App

如图 2-51 所示，越来越多的零售站点使用户更轻松地"快速查看"项目，但单击进入每个详细信息页面就变得繁琐，并且用户不得不返回搜索结果以浏览更多项目。这个设计基于 Facebook 表情符号微交互的镜头，展示了一种在产品列表中显示商品颜色的方法，而不会占用太多空间并挤满产品卡。最重要的是，用户可以控制产品缩略图中显示的商品颜色，只需单击一下即可。

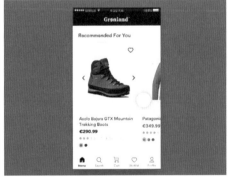

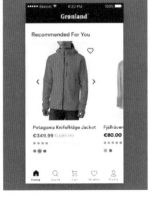

图 2-51　购物 App 优化

075

/ 本章小结

本章核心问题是：为什么要进行交互设计研究以及怎样进行交互设计。

交互设计在未来或许是一种通过研究用户与行为方式，以各类技术手段为媒介，创造适应不同语境下的物质或非物质交互式设计输出物（产品、空间、环境、系统、服务）的设计实践，与之映照的交互设计方法在未来的发展趋势可能呈现出以下情形。

① 用户、行为、语境、媒介要素贯穿于交互设计的全流程。随着交互设计学科的发展，系统概念逐渐深入。语境要素作为交互系统中交互发生的环境，在设计实践过程中被忽视。语境已不再是单纯的产品使用环境，而是涉及社会、时空、情感等多维度的使用语境，但由于交互设计语境研究的方法和工具还比较缺乏，所以今后会出现更多关于交互语境的方法与工具，交互设计概念要素发展将逐渐完善。

② 随着网络技术、大数据、计算机技术的进一步发展，量化研究带来了需求和机遇，从而对交互设计产生了更大的影响。量化分析方法中建立的技术将成为用户行为和用户体验研究中常见的部分。随着针对交互设计的量化方法越来越多地被开发与使用，用户行为知识与模式的深度和广度正在迅速扩大，交互方式的创造方法也会变得更加多元。

③ 在交互设计发展从界面迈向社会、情感等非物质交互形式后，在设计流程方面，设计探索、定义、开发和交付阶段需要开发更多非物质、质性及量化研究工具与方法，使交互设计在用户调研、行为分析、概念探索、原型制作、测试迭代等方面，开发更多设计方法与工具，各类交互设计方法会针对非物质原型进行各类测试，评估非物质设计物的基本功能和使用方式，以适应用户体验。

/ 思考与练习

1. 从设计思维和过程的角度，列举交互设计与传统设计的异同。

2. 列举你所了解的交互设计创新和优化的案例（10 个以上），除了本书所介绍的之外。

3. 举例说明产品设计如何塑造了人们新的行为，或利用了人们的自然行为。如何理解"除非有足够的理由，用户不会轻易去尝试一种新的奇怪的行为"？

4. 利用用户研究的方法，设计一款具有地域文化特征的交互产品。用户研究的方法及过程要详细叙述，有数据分析。

实训案例："啄木鸟"儿童医疗服务系统设计（见电子资料包 2）：本节资料包为学生作业训练，以儿童医疗行业存在的问题进行分析，利用服务设计、交互设计理论和方法解决实际问题，并进行品牌设计。

第3章
/ 基于地域文化的服务设计

/ 知识体系图

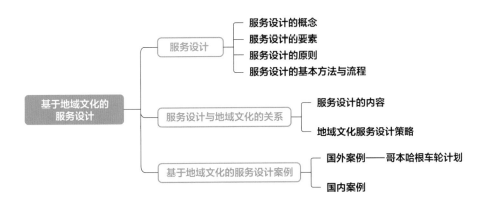

/ 学习目标

知识目标

服务设计方法的讲解和实践，突出地域文化设计的整体性和完整性。

技能目标

提高学生独立思考、分析问题和解决问题的能力，以及服务设计实践能力。结合前期讲解，基于不同研究方向，进行相关地域文化的课题研究及产品设计。

/引例

芬兰赫尔辛基公交车路线查询示意图

芬兰赫尔辛基公交车车次显示屏

芬兰赫尔辛基有轨电车报站器

下车提示铃按钮　　　　　　　　　　　　　　刷公交卡的机器

　　在芬兰的赫尔辛基购买车票和船票的机器十分方便，里面设置了多种语言选择，只要依据界面的提示进行操作，或者看别人操作一遍，就可以完成购票过程。

芬兰赫尔辛基南码头旁的购票机器

购票机器的界面

从市民日常生活入手，改善购买的过程体验，这就是服务设计（Service Design）。用户体验的过程，也是用户享受服务的过程。

/ 3.1 / 服务设计

3.1.1 服务设计的概念

21 世纪的市场竞争已经从产品竞争到品牌竞争走向了服务竞争，各界的商业模式正发生质的变化：由"产品是利润来源""服务是为销售产品"向今天"产品（包括物质产品和非物质产品）是提供服务的平台""服务是获取利润的主要来源"转变（Karmarker，2004 年）。

服务是形成一个过程并对最终用户具有价值的一系列活动（Saffer，2007 年）。使用手机，在 ATM 机取钱，乘坐飞机，打车，住宾馆，去餐馆吃饭等，我们所接受的都是服务。服务无处不在，紧紧包围着我们。我们为他人提供服务，同时也被他人服务。

服务具有以下特点。

① 无形性。尽管服务总是以对象来体现，服务本身是短暂的。用户触摸不到也看不到服务本身，服务有时通过物质表现，比如餐馆的食物、宾馆的住宿条件等。

② 服务提供者所有制。用户所享受的服务来自自身所拥所的对象，如一杯咖啡或者汽车，但是不能拥有服务本身。服务本身不能被购买到。

③ 共同创造性。服务不能仅被服务提供者引起，需要用户一起参与。例如：售

货员不能替顾客买东西（除非顾客要求），餐厅服务员不能为顾客拿自己喜欢吃的食物。

④ 灵活性。尽管服务在某种程度上可以被标准化、规范化，但还是需要适应于不同的情况和不同的顾客。对待一位鲁莽的客户，与对待一个彬彬有礼的客户是不一样的。

⑤ 时间性。服务需要时间来完成，但是时间是不可回溯的。如果一项服务没有执行好，是不能够进行弥补的。

⑥ 主动性。服务是由人的劳动所创造的，很难度量。人们提供服务的行为，决定了服务的成功或者失败。

⑦ 需求波动性。很多服务要根据时间的变化，如季节、文化因素等进行调整。

"服务是需要被设计的。"20世纪80年代，美国学者索斯泰克（G.Lynn Shostack）在《如何设计服务》（How to Design a Service，1982）中首次提出了管理与营销层面的服务设计概念。1984年，索斯泰克在《哈佛商业评论》上发表《设计可递交服务》（Designing Services that Deliver），引入服务蓝图，将之作为服务设计最重要的工具之一，利用系统流程管理，提高服务效率和利润率。1991年，科隆国际设计学院（KISD）的 Michael Erlhoff 教授与 Birgit Mager 教授将服务设计正式引入了设计教育中。国际设计研究协会（Board of International Research in Design）给服务设计下的定义是：服务设计从客户的角度来设置服务（Mager，2008年；Miettinen 等，2009年），其目的是确保服务界面；从用户的角度来讲，是有用、可用以及好用；从服务提供者角度来讲，是有效、高效以及与众不同。站在传统的产品和界面设计角度上，服务设计将成熟的、创造性的设计方法运用于服务中，尤其是界面设计中的交互和体验方面。

服务设计作为一个融合性的学科，通过对人、物、行为、环境和社会之间系统关系的梳理，以用户为中心，围绕用户重新规划组织资源，促进组织运作，提高员工效率，最终提升用户的体验。它具有系统性和战略性，它是所有触点设计的指导框架，改变了我们的生活、工作方式，以及组织的运营管理方式。简单来说，服务设计是一种设计思维方式，旨在一起创造并改善服务体验。

服务设计大致可以分为"商业服务设计"和"非商业服务设计"（如公共医疗服务设计、教育服务设计等），商业服务设计又可以分为"实体产品的服务设计"和"非物质性服务设计"（如为银行设计新的理财服务）。

在产业界，像国外的谷歌、雅虎、迪士尼、沃尔玛、星巴克等，国内的淘宝、网易、中国移动、中国联通等，都是服务型公司。从设计层面来看，服务设计与产品设计、信息设计以及平面设计之间也存在着一定的联系和区别（图3-1）。

　　与用户体验设计相同，服务设计要考虑到服务提供者与用户之间的交互质量和用户体验。其宗旨是在服务设计过程中要紧紧围绕用户，在系统设计和测试过程中，要有用户的参与，以及时获得用户的反馈信息，根据用户的需求和反馈信息，不断改进设计，直到满足用户的体验需求，其模型如图 3-2 所示。

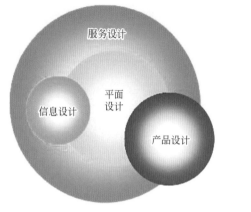

图 3-1　服务设计与其他设计关系图

图 3-2　服务设计中的关系模型

　　服务设计帮助企业从全局的、系统的角度重新审视产品、品牌、商业模式和运营流程，从而提升或重塑用户体验。从某种程度上说，产品设计让我们"买得到""买得值"，而服务设计让我们"买得爽"。往往在这个时候，我们的商业模式也由此不断演进。

3.1.2　服务设计的要素

　　传统的设计关注于用户与产品之间的关系。相比之下，服务设计要关注很多接触点，举个例子，包括商店本身的设计、吸引顾客进入商店的门面设计、售货员的言语、产品的包装，以及顾客与这些接触点之间的互动。这些接触点归纳起来主要有：人、对象、过程和环境。

（1）人

　　人是服务设计中最重要的部分，只有通过人，服务设计才是"活"的。在服务设计中，"人"包括最终使用者、服务提供者、合作伙伴和商业用户等，他们在服务中扮演了不同的角色。

（2）对象

　　对象在服务设计中是要进行打交道的，比如餐馆的菜单、机场的值机柜台等。这些都是潜在的交互对象和参与者。有些对象是较为复杂的机器，如机场的行李箱分拣机器；有些对象则非常简单。

（3）过程

过程是关于服务如何进行的，如怎样下订单，怎样创造，怎样递送等。服务过程中所发生的任何事情都可以被设计。过程也许很简单和短暂，也有一些是很复杂的。

（4）环境

环境是服务发生的地点，可以是物理的有形环境，如商店或者售货亭；也可以是数字的或者无形的环境，如电话或者网站。环境要能够提供必需的空间来完成服务行为，以及相关的指示性线索，如符号、菜单，以及显示等。

总的来说，人、对象、过程、环境四个接触点又被包括在由人（people）、资产（props）和流程（processes）三个要素构成的服务设计中，而每一个要素都必须被正确地设计，并且能够整合在一起。人指的是任何直接或间接与服务有关的利害关系人。资产指的是任何服务所需的实体或虚拟的物件。流程指的是任何利害关系人于服务中执行的流程。

3.1.3 服务设计的原则

服务设计主要有五大原则。

（1）以用户为中心

无论是服务还是产品，其本质最终都是为了解决用户的问题，因此必须始终贯彻以用户为中心的思想，这是所有工作的基础。

"以用户为中心"不是一个新鲜的话题。实际上现在几乎所有的公司都在宣称自己要为用户创造价值。不过只有真正做到的公司才能在行业内更胜一筹。典型的例子是瑞典的全球家居品牌宜家，它把"为大众创造更加美好的日常生活"作为企业愿景，以"提供种类繁多、美观实用、老百姓买得起的家居用品"为经营理念。

（2）共创

服务设计所解决的是一项复杂的问题，它没有正确答案，只有最优解。

如何找到最适合的路径？让服务提供者和使用者，以及不同的利益相关方共同参与设计和创造的过程，借助不同背景、不同职业的人不同维度的思考，共同探索最优解。共创无疑是服务设计最佳的工作方式。

（3）整体性

用户体验就像一场有计划、有组织的精心设计的演出：它有高潮，也有低谷，环环相扣地在讲述一个故事，而用户身在其中。把握用户的情绪和服务的节奏尤为重要，更重要的是由点及面地全局思考，保证这个故事的整体性。

（4）由表及里

为了能够在前台提供一个整体的用户体验，需要保证中台和后台的活动与业务流程的密切配合，并解决这些流程中的实际问题。必须优化多个利益相关者端到端的体验，并且考虑到组织适配和品牌宗旨，以及技术的适当使用。

（5）迭代

世界每天都在变化，没有一项服务可以永远获得青睐。为了顺应不断变化的用户的需求，必须借助用户的反馈，对服务进行优化。这是一个不断重复的过程，只有更好，没有最好。

这五大原则是服务设计的核心，与服务设计息息相关，周而复始，数据收集，也意味着下一轮以用户为中心的服务设计的开始。

3.1.4　服务设计的基本方法与流程

"服务设计"（Service Design）是"为了提高一种服务的质量，促进服务的提供者与消费者之间的互动，而对人、基础设施、信息和物资因素进行规划和组织的行为"。服务设计主要分为四种。

（1）产品导向的服务（Product-Oriented Services）

这是我们最为熟悉的一种方式。该类服务将保证产品在整个生命周期内的完美运作，并获得附加值。如各类产品的售后服务，可能包括维修、更换部件、升级、置换、回收等。产品依旧是核心，服务是对产品价值的完善（一种增值）。

（2）使用导向的服务（Use-Oriented Services）

该类服务提供给用户一个平台（产品、工具、机会甚至资质）以满足人们的某种需求和愿望。汽车租赁就是一个很好的例子。这里，产品与服务兼而有之，产品被服务有效地整合其中。用户可以使用但无须拥有产品，只是根据双方约定，支付特定时间段或使用消耗的费用。

（3）结果导向的服务（Result-Oriented Services）

该类服务将根据用户需要提供最终的结果，如提供高效的公交出行、供暖、供电服务等。显然，服务成为核心，用户无须自己购买或拥有产品，也不用担心维护、保养，甚至无须自己操作产品便能享受到最佳的服务。

（4）体验导向的服务（Experience-Oriented Services）

这类服务兼具上述三种类型的某些特点，但更为强调用户在消费产品与服务中的感受和体验，比如各类培训、旅游服务等。现实中，也有一些产品服务系统无法简单归类。比如手机，以前产品是核心，服务只是一种增值。但事实上，随着智能手机的流行，人们越来越关注的是内容和过程所带来的体验感和满足感，而产品本身不可避免地将沦为一个终端或窗口，甚至被赠送。

区别于产品设计，服务设计已经不再将物品/人工制品当作设计的核心。由于各种新的因素的加入，对于服务设计而言，重心已经转向对各种因素的综合分析和运用，以及设计程序的合理筹划。

莫雷利（Nicola Morelli）认为，服务设计方法论的发展有三个主要的方向：①辨析设计服务定义的各种角色，使用适当的分析工具；②为定义服务的各种要求以及合理的组织结构，规定可能出现的服务情境，变换使用情形，研究各种行为的后果以及参与者的角色；③再现服务，用各种方法阐明所有的服务要素，其中包括物理因素、互动、逻辑关联和时间次序。

服务设计所适合的对象是所有提供服务的行业，它可以是有形的也可以是无形的；可以是饭店、学校、机场、医院、公共交通，也可以是手机、电视和网络。流程图有利于将服务设计的整个流程表达清晰，基本的服务设计流程如图3-3、图3-4所示。

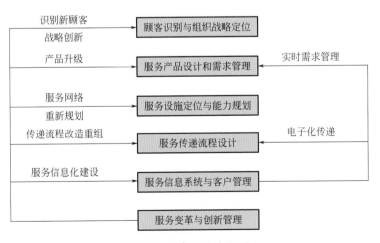

图 3-3 服务设计流程图 1

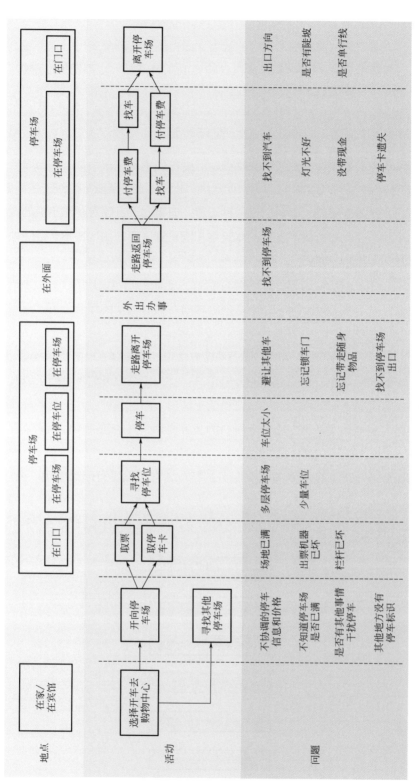

图 3-4 服务设计流程图 2

我们需要将服务进行原型化，通常与产品的原型是不一样的。既然过程和人对于服务而言是非常重要的，那么总是要等到人使用了服务并走完全过程之后，服务才是真正存在的。将服务原型化，通常要在服务设计图中将服务划分为每一个时刻，建立场景，然后邀请有关人员进行服务。

角色在服务设计过程中具有重要的意义。只有通过他们的服务，设计师才能发现服务设计过程中存在的问题。场景最好是用道具搭建的，各种对象也是原型的，增加真实性和沉浸性。表 3-1 总结了设计的发展趋势。

表 3-1　设计发展趋势

设计类别	涉及的主要学科	解决的问题
产品设计	工业设计 + 机电一体化	人与物、环境的功能实现（硬件产品）
交互界面设计	计算机技术 + 艺术设计 + 心理学	可用性与友好性（软件产品）
用户体验设计	工业设计 + 计算机技术 + 艺术设计 + 心理学 + 机电一体化	软硬件产品的整合设计
服务设计	管理学 + 社会学 + 心理学 + 人类学 + 设计学	商业设计（软硬产品、服务的整合）

/ 3.2 / 服务设计与地域文化的关系

3.2.1　服务设计的内容

对于不同的行业，服务设计的研究内容是不同的。服务设计主要包括服务要素设计和服务提供过程设计两部分内容。我们来看看阿尔托大学（Aalto University）服务工厂（Service Factory）的架构（图 3-5）与研究领域。

具体研究内容如下。

（1）服务设计与体验

① 新服务概念与价值主张。
② 创造深度客户见解的服务行为与方法。
③ 共同创造服务体验的用户研究。
④ 服务的时空交互性与社会维度。
⑤ 服务体验设计的方法和工具，体验和满意度的感知。

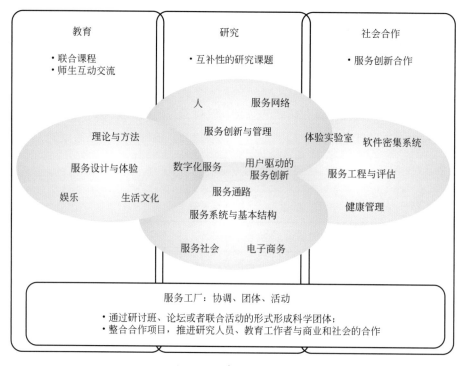

图 3-5　服务工厂的架构

（2）服务创新与管理

① 社会、经济和产业化转化的宏观研究。

② 社会－经济的前瞻性研究：未来的服务。

③ 用户和技术驱动的服务创新方法，分布式和开放式的创新活动。

④ 服务组织和商业模式的战略管理。

（3）服务系统与基本结构

① 服务系统衍化的基本研究。

② 服务交互中的价值共创性，资源的动态形式。

③ 服务以及服务网络的数字化，面向服务的信息系统架构。

④ 无处不在的服务以及实现途径。

⑤ 服务系统优化的方法、技术和工具研究。

（4）服务工程与评估

① 服务效果、质量与生产力，服务组织的效能。

② 服务运作与产出分析，服务过程的度量。

③ 服务内容的组成与评估，服务管理的风险分析。

④ 服务整合、运作与外包，全球化和当地化的服务产出，服务采购与决策研究等。

Tekes（the Finnish Funding Agency for Technology and Innovation，芬兰投资研究和科技发展的主要国立机构）于 2009 年提出了服务创新的四个维度（图 3-6）。

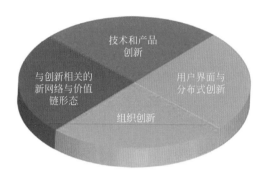

图 3-6　服务创新的四个维度

服务设计研究的内容，如图 3-7 所示。

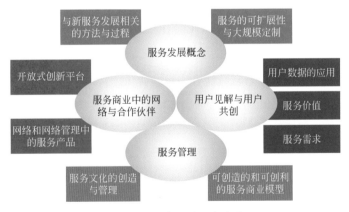

图 3-7　服务设计研究内容

在产品设计领域中，服务设计方法被运用到了产品服务系统设计（Product Service System Design，PSSD）中，常基于产品服务体系提出，通过提高产品与服务之间的契合度，创造出更高的价值。产品服务系统设计是指针对产品服务体系，进行计划、规划和设计，涉及战略、概念、产品（物质的和非物质的）、管理、流程、服务、使用、回收等体系。因此，与地域文化相关的产品设计领域，服务设计强调给客户提供一种从产品到服务全方位整合式的解决方案。

3.2.2　地域文化服务设计策略

（1）充分挖掘地域文化特色元素

地域文化特色是指在一定的空间范围内相对固定的风俗以及人们的行为方式等，其往往通过人们的行为活动表现出来，同时也可以被书籍或绘画等载体记载，还可以被物质空间环境记录下来，多数情况下地域文化特色是自然要素与人文要素综合作用的产物。地域文化特色的表达有很多途径，例如：人、事件、物质空间。人是地域文化特色表达的活动主体，任何文化的传播或被传播都需要人的参与。事件是地域文化特色发生的媒介，不同事件的发生助推地域文化特色进行多元化传播。物质空间是地域文化特色存在的空间，是物质实体所组成的空间形态。多元化传播的事件可被物质空间记录。

因此，对于地域文化特色的挖掘非常重要，先找到真正具有自身独特性的地域文化，再进一步地开发，可从服饰、餐饮、节庆习俗、宗教信仰、语言、建筑、地域景观、文化艺术、工艺等多个方面挖掘地域特色文化，然后从中选取地域文化元素。地域文化元素的选取要遵循以下原则：①文化元素必须有特色，是此地域独有或少数地域所有的文化特色；②文化元素必须能够代表此地域，是此地域的标签之一；③文化元素应是获得相关政府部门认可，是正能量的，有利于地域文化传承的地域文化元素。

（2）厘清服务内容，进行具体创新设计

在明确了地域文化特色元素和厘清要为游客提供怎样的服务后，需要考虑设计哪些物品、怎样的物品及地域文化体验服务环境来将无形服务提供给消费者。

服务中的物品是重要的交互媒介，通过这些有形物品为用户带来无形服务。以旅游体验为例，地域文化体验服务的要素包括有形产品、前台服务人员服饰等，其服饰造型的设计表现在形态上，所提取的纹样图案、结构可直接应用、变形应用于其中；颜色上可使用所提取的颜色或其相似颜色；材质上可使用所提取的材质，也可用现代加工技术对其表面进行处理以达到理想的肌理质感。

对地域文化体验服务环境要素的设计，可利用所选地域文化元素本能层上的特色元素，创设强烈的地域文化体验服务情境，使游客置身于此服务情境中能充分感受到地域特色文化魅力，提高游客的服务体验。每种地域文化元素都有其特定的情境，营造独有的文化氛围。情境中的一些装饰物的设计可充分利用从地域文化元素中提取的形态、纹样图案、颜色等。情境氛围的营造还可利用地域文化元素本能层上提取的声音、气味、味道等要素，充分刺激游客的视、听、触、嗅、味等多个感官，营造强烈的地域文化氛围。

/ 3.3 / 基于地域文化的服务设计案例

3.3.1 国外案例——哥本哈根车轮计划

哥本哈根（Copenhagen）是丹麦王国的首都、最大城市，拥有本国最大的港口，同时也是丹麦的政治、经济、文化和交通中心，作为北欧大都市，哥本哈根继承了北欧崇尚自然的地域文化，整个城市重视利用无污染能源，号称"环保之都"。为鼓励和方便人们使用自行车，城区有350多公里的自行车专用道路，为增强骑行体验，丹麦的哥本哈根市与美国 MIT Senseable 城市实验室于2009年合作开发了"哥本哈根车轮计划"项目（图3-8）。这种外观优雅、智能化并具交互特性的车轮可以装配在所有的现有自行车上面。刹车时车轮将产生的动能转化为电能储存起来，驱动内部的定位装置以及环境检测传感器。利用蓝牙将车轮与用户的智能手机进行联通，安装相应的软件即可在行驶过程中对城市的空气污染数据、行驶数据进行监测，并上传网络与朋友或整个城市共享。

图 3-8 哥本哈根车轮计划

每个使用者都将成为一个流动监测点。该系统通过收集和分析气体排放、噪声、湿度、交通状况、道路使用情况、可用的开放空间等数据，整合出视觉化的图表。以智能手机作为信息终端，使用者可以随时了解并分享最佳的出行线路以及路线上的综合数据等信息。该系统从一个全新的视角分析、理解这些环境数据，从更多的细节去了解交通对城市基础设施建设以及城市热岛现象的影响，并可能最终影响环境及交通政策的制定（图3-9）。

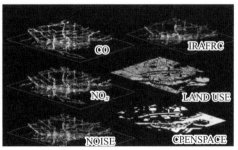

图 3-9 哥本哈根车轮流动监测

哥本哈根车轮计划是典型的基于地域文化的产品导向服务系统设计。通过提供一系列附加的增值服务，满足使用者对出行信息收集与分享的需求，丰富使用者的骑行体验，最终促进产品的销售，并引导和鼓励消费者更多地使用自行车出行。

3.3.2 国内案例

（1）王城景区服务设计及文创产品开发（见电子资料包3）

本案例为学生的课内训练，通过实地调研广西桂林市王城景区的现状，发现问题，通过进行用户研究、市场调研确定设计定位，对景区的形象、景区文化等进行重新塑造，利用服务设计理念，打造智慧旅游、文创设计、服务设计、品牌设计等一整套全新的景区形象，促进旅游经济、文化的发展。

（2）西樵山景区智慧旅游服务系统设计

智慧旅游，也被称为智能旅游，是利用云计算与物联网等新技术，通过互联网和移动互联网，借助便携的终端上网设备，主动感知旅游资源、旅游经济、旅游活动、旅游者等方面的信息，及时发布，让人们能够及时了解这些信息，及时安排和调整工作与旅游计划，从而达到对各类旅游信息的智能感知与方便利用的效果。智慧旅游的建设与发展最终将体现在旅游管理、旅游服务和旅游营销这3个层面。智慧旅游服务的设计内容，如图3-10所示。

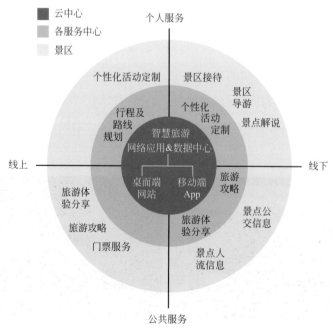

图 3-10　智慧旅游服务设计内容

"西樵山项目"以微信平台为入口，整合 App、网页等技术及表现手段，实现一套软硬件紧密结合、线上线下良好互动的智慧服务系统，并最终达到以下目标。

① 强化西樵山景区旅游服务品牌，提升景区知名度，提升用户黏度。

② 通过接触点创新，优化景区各服务流程及体验。

③ 大力推动"文翰樵山，智慧旅游"的服务理念，吸引年轻游客，建立西樵山特定的"粉丝"游客群体，逐步形成特定的文化特性，进而形成传播效应。

④ 整体上促进旅游观光、食宿、纪念品销售及各服务环节互惠互利的良性发展。

景区导览产品。景区中有观光车智能候车亭（图 3-11）、个性化游览路线定制终端设备（图 3-12）和导览机等。导览机分为一个主机和若干从机，主机通过音频插头与智能手机的耳机插孔连接，接收 App 发出的导游信息并向从机发送，佩戴从机的游客即可同步收听导览信息。同时这套导览机也具有防走散报警功能，如果从机离主机超过一定距离，主机会发出警报，以防小孩和老人在游览过程中走失。在此指出：智慧旅游服务不能一味地强调技术手段的先进或交互界面的酷炫，上升到人文关怀层面的服务和体验更能抓住游客的心，也更能体现景区智慧服务的核心理念。

 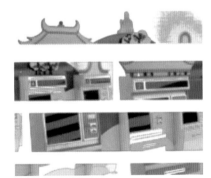

图 3-11　观光车智能候车亭　　　　　图 3-12　个性化游览路线定制终端设备

（3）大同结艺地域文化体验服务设计

① 选取大同结艺地域文化元素。首先从服饰、餐饮、节庆习俗、宗教信仰、语言、建筑、地域景观、文化艺术、工艺等多个方面全面罗列大同地域特色文化，然后从中选取大同结艺这一地域文化特色。大同结艺结合了大同本土文化，在北方传统盘扣的基础上发展形成，大同结艺这一精致典雅、原汁原味的文化入选了省级非物质文化遗产名录，是极具大同地方代表性的特色地域文化（图 3-13）。

带来感官刺激的部分			提取其中的典型元素	
带来视觉和触觉刺激的有形文化物质	传统结艺造型	设计其他任意造型	形态	 ① ② ③
			颜色	红 黄 粉 绿 蓝
	制成饰品	盘扣画	材质	布
			肌理	光滑感 柔和感
			纹样图案	无
			结构	盘扣结构
带来听觉、嗅觉和味觉刺激的无形文化物质	无		声音	无
			气味	无
			味道	无
结艺制作过程			①布条制作：布料上浆定型—裁剪布条—加入金属丝后将布条对折两次—压合缝纫 ②成品制作：在布条上标记弯折处—将布条弯折形成图案—压合缝纫—填棉—剪掉多余布料—背面粘贴一层布形成成品	
结艺的使用过程			用来制作饰品及盘扣画，无特有的使用步骤	
意象词语概括其文化内涵			吉祥的 典雅的	

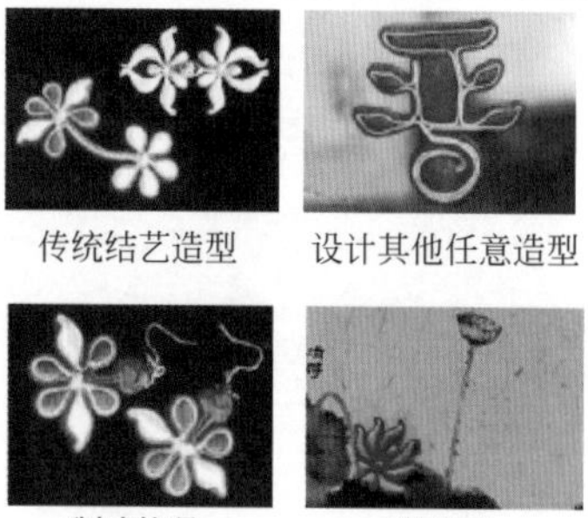

图 3-13 大同结艺地域文化特色元素提取

② 结合地域文化中吉祥的、典雅的这两个意象词语确定传达吉祥、典雅的服务氛围，使游客在接受服务的过程中感受到吉祥、典雅的结艺文化特色。后续的物品要素设计和环境要素设计都要以此为中心来展开，相关设计都要让游客感受到吉祥与典雅，要保持设计风格的一致性。为游客提供带来感官刺激的文化物质及服务，对传统结艺及据此设计制作的其他结艺进行展览，对盘扣画及结艺制作饰品进行展览与售卖。提供让游客亲自参与结艺制作过程的服务。"布条制作"较为枯燥、困难，因此直接为游客提供制好的布条，游客支付一定费用后可体验较为简单的结艺"成品制作"过程。制作完成后，可将其制成钥匙挂件并让游客带走（图3-14）。整体需要考虑设计哪些物品、怎样的物品及服务环境能将大同结艺地域文化体验这一服务提供给用户，从而进行大同结艺地域文化体验服务的物品要素设计与环境要素设计。

③ 进行大同结艺地域文化体验服务物品要素设计。物品的设计要体现吉祥感、典雅感，使游客在接受服务时，在与相关物品交互的过程中感受到大同结艺文化特色。服务中涉及的物品造型设计，融入有形文化物质上提取的典型元素，此案例设计了游客在参与结艺成品制作过程时用到的镊子和尺子这两个物品（图3-15），必要时还可进行其他有形产品及前台服务员工服饰等物品要素的设计。

图 3-14　简单结艺产品与钥匙挂件

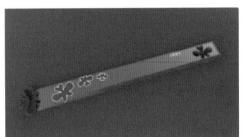

图 3-15　融入结艺元素的镊子和尺子

④ 将地域文化特色元素融入大同结艺地域文化体验服务环境要素的设计，创设吉祥典雅的服务情境，充分刺激游客的五感，使其在接受服务的过程中沉浸在吉祥典雅的服务氛围中，感受到结艺文化元素的独特魅力。可将墙壁颜色粉刷为从有形文化物质中提取的颜色，设计一些应用结艺元素的装饰物，如墙画设计应用了地域文化特色元素中提取的红色和传统结艺的造型，也可制成装饰物等，通过一系列的设计来营造强烈的大同结艺文化氛围。

⑤ 大同结艺地域文化体验服务要素设计使游客在本能层和行为层上都能对大同结艺地域文化进行多角度体验，进而让游客在反思层上感受到结艺吉祥典雅的文化内涵，使游客能全方位了解大同结艺，感受到大同独有的结艺文化魅力，获得良好的服务体验。进行大同结艺地域文化体验服务要素设计之后，需进行结艺地域文化体验服务过程设计，整合各服务要素，设计合理的大同结艺地域文化体验服务流程，形成完整的大同结艺地域文化体验服务设计。

/ 本章小结

本章核心问题是："为什么要进行服务设计研究以及怎样进行服务设计。"

服务比产品更加容易满足消费者全方位的需求，而且无害于环境。好的服务意味着好的商业。在如今的年代，人们愿意为超值的服务额外支付费用，以获得良好的体验。

/ 本章思考题

1.从设计思维和过程的角度，列举服务设计与传统设计的异同。

2.列举你所了解的服务设计创新和优化的案例（10个以上，除了本书所介绍的之外）。

3.结合服务设计内容，设计一款具有地域文化特征的服务产品。

实训案例："魁客"送餐机器人的设计（见电子资料包4）：本节资料包为研究生的随堂作业，通过对现有送餐机器人的市场及用户需求分析，进行全新的设计，从品牌、产品、服务等方面进行完整的系统设计，打造全新的产品形象。

第4章
/ 设计规划与管理

/ 知识体系图

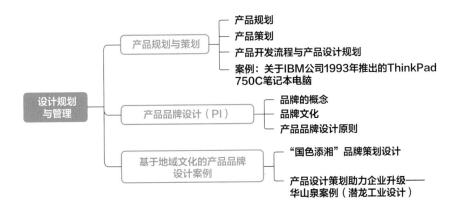

/ 学习目标

知识目标

学习产品规划与策划相关知识，了解新产品开发策略，产品规划方法，品牌设计发展趋势等。紧跟设计前沿、热点，掌握品牌设计、地域文化、社会创新等知识。

技能目标

提高学生独立思考、分析问题和解决问题的能力，以及综合设计实践能力。

引例

"设计"作为人类有目的的一种实践活动，是人类改造自然的标志，是人类自身进步发展的标志。产品设计开发计划的意义是在具体产品设计的实际操作中，在企业理念指导的前提下，在各生产、设计、管理等部门协调一致共同制定出切实可行的产品设计开发计划的基础上，尽早地实现产品开发的目标。产品设计开发计划的方针所要达到的期望是在具备实施条件的情况下，使企业的理念与设计思想融为一体，对产品设计开发起到指导作用，其结果是使社会及消费者对企业和产品有很强的信任感。

/ 4.1 / 产品规划与策划

4.1.1 产品规划

4.1.1.1 新产品开发战略的概念和特征

"战略"一词来源于希腊词语"stratege"，其含义是"将军指挥军队的艺术"。"战略"一词与企业经营联系在一起并得到广泛应用的时间并不长，最初出现在西方经营学名著《经理的职能》一书中，该书作者巴纳德为说明企业组织决策机制，从现有企业的各种要素中产生了"战略"因素的构思，但该词语当时并未得到广泛的应用。企业战略一词得到广泛应用是自 1965 年美国经济学家安索夫出版了《企业战略论》后，企业经营学才开始应用"战略"一词，之后被广泛应用于社会、经济、文化、教育和科技等领域。

对于新产品开发战略的含义，我们归纳前人的各种论述，可以定义为：新产品开发战略是企业在市场条件下，根据企业环境及可取得资源的情况，为求得企业生存和长期稳定地发展，而对企业新产品开发目标、达成目标的途径和手段所进行的总体谋划，它是企业新产品开发思想的集中体现，是一系列战略决策的结果，同时又是制定企业新产品开发规划的基础。

从上述新产品开发战略的定义可以看出，新产品开发战略具有五大特征。

（1）全局性

新产品开发战略的全局性，不仅表现在企业自身的全局上，也表现在要与国家的经济、技术以及社会发展战略相协调上，与国家发展的总目标相适应，否则，新产品的开发项目很难成功。

（2）未来性

从企业发展的角度来看，企业今天的行动是为了执行昨天的战略，企业今天制定的开发战略是为了明天更好的行动，因此，新产品开发战略的拟定要着眼于企业未来的生存和发展。

（3）系统性

大型企业的新产品开发战略是个庞大复杂的大系统，可以分解为不同层次的子系统。对于大型企业，新产品开发战略一般包括三个层次：第一层次是公司级战略，第二层次是事业部级战略，第三层次是职能级战略。各级战略都要充分调动人、财、物、信息、时间等一切资源优势，同时把计划、组织、领导、协调、控制、激励等各种管理功能综合运用起来，达到企业整体优势，以实现公司级战略。每一个次级战略都是上一级战略的具体和展开，以保证上一级总体战略目标的实现，但同时又根据自身条件和要求所确定的目标和措施，有相对的独立性。

（4）竞争性

制定企业新产品开发战略的目的就是要在激烈竞争中壮大自己的实力，使本企业在与竞争对手争夺市场中占有相对优势。因此，企业必须使自己的新产品开发战略具有竞争性特征，以保证自己战胜竞争对手，确保自身的生存与发展。

（5）相对稳定性

新产品开发战略必须在一定时期内具有稳定性，才能在企业经营实践中具有指导意义，如果朝令夕改，就会使企业经营发生混乱，从而给企业带来损失。当然，企业新产品开发实践是一个动态过程，指导企业新产品开发实践的战略也应该是动态的，以适应外部环境的多变性。因此，新产品开发战略应具有相对稳定性。

4.1.1.2　新产品开发战略的作用

新产品开发战略是企业整体战略的组成部分，其在新产品开发过程中所起的作用，既有战略的一般作用，又有总体战略不可代替的特殊作用。

（1）限制作用

新产品开发是个永无止境的过程，对于企业来说，新产品可供选择的方案永远都不匮乏，加上新产品的开发可能带来巨大成功的诱惑，往往容易使人们头脑发热，不顾条件而硬上。因此，企业需要一个明确的创新战略，以免受外界的诱惑，更注重发挥企业自身的长处，坚持在原来熟悉的领域发展。这也是新产品开发战略的首要作用——为企业的新产品开发活动划定边界、限定方向，统称限制转向。

限制转向包括两层含义：一方面，限制企业把资源投向不适合本企业参与的、发展潜力小的机会方向；另一方面，要鼓励企业开拓特别适合本企业的、具有良好潜力的机会方向，如图 4-1 所示。当然，新产品开发战略也不是一成不变的，战略的转变也会导致新产品开发方向的转变。

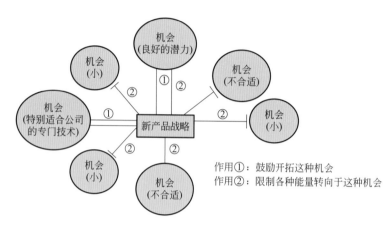

图 4-1　新产品开发战略的限制转向作用

（2）指导企业新产品开发全过程

新产品开发活动是由一系列逻辑关联较强的步骤所构成的一项活动：进行产品开发，需要建立新产品开发组织，确定一个个的具体项目，构思出新产品概念，并对创造出来的各种概念进行评价和筛选，然后选择，再进入实际开发阶段，把新产品概念转化为市场需要的新商品，并投放市场等。在这一复杂的过程中，如果没有战略对整个活动加以统一指导，开发活动的各个阶段就可能被割裂，形成不了有机的联系，降低开发的成功率。

根据以上分析可以认为，任何企业的新产品开发活动，必须在明确的产品创新战略指导下进行。如果没有一个清晰的新产品开发战略，新产品开发中的任何重大决策都不能保证是正确的和有效的。

4.1.1.3　新产品开发战略的基本类型

新产品开发战略的内容实际上是给出战略的框架，不同企业根据自身资源及环境状况对各项要素加以抉择，制定出适合本企业的新产品开发战略，各企业战略的差异主要在于对资源的要求和所冒风险程度的不同。

（1）地位保持式产品开发战略

通过有选择地开发一些风险较小且不改变企业基本产品结构的新产品，以保持企业现有的市场地位和竞争能力。这种战略模式所选择的战略竞争域，多为在市场上推广新的产品，以弥补由于现有产品的衰退而对企业带来的不利影响，它所确定的目标一般是维持或适当扩大市场占有率和利润率，以保持企业的竞争力，新产品开发的主要来源是市场营销，即借助对市场需求的分析来开发新产品或改进现有产品。其创新度多为模仿，对资源要求不高，可以采用自主开发的方式，也可以采用技术引进的方式。保持现有地位的开发战略，一般适合实力一般、资源较少且属于成熟产业或夕阳产业的小企业采用。这种战略是企业在新产品开发中最常采用的战略，许多企业甚至已发展为领先企业，应该都有过应用该战略的经历。

（2）跟随式产品开发战略

跟随式战略要求紧跟实力雄厚的同行竞争者，仿制竞争成功的新产品，以保持和提高企业的市场地位。这种战略的竞争域往往是产品或产品的最终用途，而且是由竞争对手界定的，选择十分明确。该战略的目标一般选择发展、维持或提高市场占有率。构思的来源为市场营销和生产过程。这种战略要获得成功，首先需要通过能全面、准确和迅速获取信息的信息系统及时掌握竞争对手研究与开发的动向和成果，以找准竞争方向。其次，需要通过工艺、质量、成本等方面的分析，针对竞争对手的新产品进行改进，以增强竞争力。该战略所关注的创新度，局限于仿制的小改进，选择的投入时机是敏捷型，开发方式可选择自主开发或委托开发。这种战略的优点是风险小、投资省、见效快，缺点是对企业市场营销的水平要求较高，提高市场占有率困难较大。紧随战略一般适用于规模较小、开发能力不强的中小企业。

（3）进取式产品开发战略

进取式产品开发战略要求企业在产品开发方面，具有较强的进取精神，富有创造性和外向性，能够主动出击，不拘泥于企业现有的产品结构和资源状况。相应地，这种战略，企业所冒的风险和可能获得的风险报酬也会更大。进取式产品开发战略的竞争域往往限定在产品的最终用途和技术方面，战略目标一般确定为迅速发展和提高市场占有率，即试图通过创新迅速扩大企业规模，不断增强其竞争能力和发展潜力。该战略的来源多为市场营销或扩充发展，或二者的结合；创新度可能达到首创水平，或少部分首创；在新产品投放市场时机的选择上，多数确定为率先进入市场；开发方式一般为自主开发，技术资源的投入有一定的限度，对现有产品生产影响有限，不会存在全面的风险。因此，进取式产品开发战略可以围绕着产品的用途、功能、工艺等方面的改进来展开，它一般不需要进行技术上的革命创新。

（4）企业冒险式产品开发战略

如果企业现有的市场日益缩小或严重地受到替代产品的威胁，从而限制了企业进一步的生存与发展，或者企业断定经过自身的努力可能获得较大的成功，就可能选择具有高度风险性的战略，即企业孤注一掷地将大量的资源投到新产品的开发上面，甚至不惜影响现有的生产经营秩序，这就是冒险式产品开发战略的基本思路。该战略的竞争域是产品的最终用途和技术的组合，企业将力求在技术上有较大的发展甚至产生技术革命。它的目标是快速发展和大幅度提高市场占有率；追求的来源是研究与开发的可实现性，创新度期望首创，甚至首创中的艺术性突破；选择率先打入市场的投放时机；开发的方式一般是自主开发、联合开发或技术引进。这种战略要求企业在技术、资金、营销等方面拥有较强的实力。由于该战略所冒的风险很大，要求投入的资源很多，尽管一旦成功效益可观，但一般只适合大型的、实力雄厚的大公司或大企业集团采用。

4.1.1.4 影响新产品开发战略的主要因素

为了帮助企业更好地选择适合自身发展的新产品开发战略，我们进一步分析研究影响战略选择的众多因素，如资源、机会、科技发展状况、企业总体战略、企业文化与价值体系等方面。

（1）资源

在确定企业新产品开发战略时，资源是占支配地位的要素之一。企业的资源包括企业人员、资产数量、技术水平、企业信誉、营销渠道以及产品制造与销售的能力等众多方面的内容。在评价资源时，应以与主要竞争对手进行比较的相对值来反映。资源的多少，较大程度上决定着企业抵御风险的能力，影响着企业选择新产品开发战略的模式。就如美国IBM公司一举拿出50亿美元开发第二代计算机的壮举，这是只有资源雄厚的企业才能采取的冒险式产品开发战略，既能考虑到现有经营事业的需要，又能充分估计未来发展的要求。

（2）机会

另一个影响企业选择新产品开发战略的重要因素，是机会的大小和多少。在经济领域中，我们经常遇见的机会有：对某种潜在市场需求的预测，某类现有产品的需求正在扩大，一种新技术的应用，竞争者满足某种需求的能力明显不足，有新法规、新政策将要颁布。一般来说，潜力大的机会会刺激企业甘冒较大的风险，选择进取式产品开发战略甚至企业冒险式产品开发战略，反之，企业在新产品开发时小心翼翼，避免冒较大风险。

（3）科技发展状况

企业必须不断地提升自身的科技水平，企业竞争对手的技术进步可能会使自己企业产品的竞争力被削弱，这会使得整个市场的格局发生改变。因此，技术发展状况对其选择新产品开发战略有着不可忽视的影响。也可以说，技术进步有助于促进企业加速创新，去承受更大的风险。

（4）企业总体战略

新产品开发战略必然受制于企业的总体战略，后者决定总的发展方向和前进速度，决定资源在新事业和现有事业之间的分配。如果总体战略是稳定发展，新产品开发战略就可能选择地位保持式产品开发战略或者跟随式产品开发战略；如果总体战略是同心多样化或者纵向（横向）一体化，新产品开发战略就应该是进取式甚至冒险式的。当然，在特殊情况下，新产品开发战略也是可以与总体战略不一致的。

（5）企业文化与价值体系

此项因素不仅影响企业总体战略的选择，而且在较大程度上左右着对新产品开发战略的筛选。价值体系是企业长期形成的一整套信念，它倾向丁采取某些特定的而不是相反的行为方式，对承受风险的大小有着特定的要求。企业文化是非常难以改变的关于企业行为方式的价值观，一旦它与企业目标和战略一致，它将会产生极大的推动力。然而，它也可能妨碍企业对于竞争的威胁，或阻碍企业适应环境的发展变化。因此，企业在选择新产品开发战略时，必须充分考虑企业文化与价值体系的影响。

4.1.2 产品策划

产品开发充满风险，企业面临压力很大，迫切需要在最短的开发周期里，用最少的投资成本开发出成功的高质量产品。这些压力迫使企业在进行产品开发时，需要做非常仔细的规划。好的产品开发规划可以使企业的产品开发创新工作稳健地进行，更能锁准战略开发目标，避免开发设计工作的反复或推延，加快周期运转，降低开发风险。

4.1.2.1 产品开发规划的定义

产品开发规划是考虑将要执行的产品开发项目组合的周期性过程。产品开发规划确定该组织将要开发的产品组合，以及它们投放市场的时间安排。规划过程考虑由各种来源所确定的产品开发机遇，这些来源包括来自市场、研究、客户、当前产品的开发团队等的建议以及与竞争对手的比较。从这些机遇中，公司挑选出项目组合，勾画出项目的时间计划并进行资源分配。产品开发规划应保持有规律地更新，以反映竞争环境的变化、技术的变化和现有产品成功的信息。制定产品开发规划应考虑公司的目标、能力、约束和竞争环境。

4.1.2.2　产品开发规划的过程

针对某产品开发来确定其特别的活动内容，应考虑以下问题：如何界定本次开发产品，需要具备何种专业技能的团队成员？需要向消费者提供什么？在时间、资金、人力及设备方面存在哪些限制？需要什么资源？等等。这些问题一旦得到解决，就应列出一份表格，这份表格应简练而有序，从时间、资源、完成等方面界定项目。通过这样的努力，可以在进展和成本等方面对项目进行追踪，该表格同样可以作为与团队成员、客户及管理层沟通的工具。这也是产品开发规划的目标和内容。

因此，制定产品开发规划，我们一般有这样的一个流程：确认市场机遇——项目评估和优先级排序——分配资源和安排时间——完成项目前期规划——对结果和过程进行反思。这个规划过程可以用关系图表示（图4-2）。

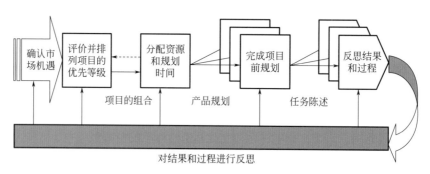

图 4-2　产品开发规划过程

虽然产品开发规划过程表现为线性过程，但选择有希望的项目和分配资源的活动本质上是迭代（迭代包括产生产品发布的全部开发活动和要使用该发布必需的所有其他外围元素）的。时间表和预算的实际情况，经常迫使对优先级进行重新评价，并对潜在项目进一步细化和提炼。因此，产品开发规划经常要重新评估，并要基于开发团队、研究实验室、生产、营销和服务组织的最新信息进行修改。后参与这一过程的人员，常常最先认识到整个规划或项目任务中的某些东西是不一致、不可行或者过时的。随着时间变化调整产品规划的能力，对企业的长远发展来说至关重要。

（1）确认市场机遇

产品开发规划的过程开始于对产品开发机遇的确认。这一步往往有企业各种资源输入汇集，被认为是"机遇漏斗"。这些资源包括：营销和销售人员，研究和技术开发组织，当前产品开发团队，制造和运作组织，当前或潜在客户，以及第三方，如供应商、发明者、商业伙伴等。当然，企业更应该主动地去尝试创造机遇，比如：在当前基础上仔细研究竞争对手的产品；追踪新技术的状态，以促进基础研究和技术开发转化为产品开发；记录当前客户所体验的对现有产品的挫折和抱怨；注意生活方式、统计数据、现有产品类型中的技术和新产品类别中机遇趋势所蕴含的内容；会见领先客户，把注意力放在他们做出的创新和对现有产品可能进行的改动；系统地收集当前客户的建议，比如通过销售部门或者客户服务系统等。然后，把收集来的这些想法整理、提炼，以简短连贯的语句描述每一个有希望的机遇，并进行记录分析。

（2）项目评估和优先级排序

这些机遇中有些内容对公司背景环境中的其他活动没什么意义，并且在大多数情况中，让公司立即着手的机遇又太多了。因此，产品开发规划过程的第二步是要选出最有希望从事的项目。在现有产品领域中，一般从 4 个方面对新产品机遇进行评价和优先级排序：具有的竞争优势，所占的市场区域，所采用的技术路线，已有的产品平台资源。

（3）分配资源和安排时间

企业有可能负担不起向每一个有期望的产品开发项目投资。因为时间安排和资源分配总是向最有希望的项目倾斜，所以总有太多的项目争夺太少的资源。其结果是，分配资源和安排时间的尝试，几乎总是导致返回上一级评估和优先级排序步骤，以削减部分项目集合。

（4）完成项目开发前期规划

当项目被批准后，在实质性资源分配之前，需要进行项目前期规划。规划的目标可能非常概括，它可能不说明将采用何种特定的新技术，也不一定指明各种功能，如生产和服务的目标和约束。为了给产品开发组织提供明确的指导，通常开发团队要构造目标市场和对展开工作所需条件进行详细定义，通常采用制定"任务书"的形式。这样的任务书一般包括：对产品的简短描述，关键商业目标的介绍，产品目标市场的定义，开发工作的假设条件和约束说明，以及相关利益者的分析等。

此外，项目开发规划活动通常还包括确定项目人员和领导者。这包括开发人员中的关键成员"签约"一项新项目，即同意承诺领导产品或其关键元件的开发。预算通常也在项目前期规划中做好。这是因为对于全新产品来说，预算和人员计划只针对开发中的概念开发阶段，项目的细节是高度不确定的，这种状况一直持续到新产品的基本概念被确定下来，更细致的规划必须等到概念进一步开发才能制定。

（5）对结果和过程进行反思

由于任务书将交给开发团队，所以在实施开发过程之前必须进行"真实性检验"，这样可以修正早期阶段的已知缺陷，以免随着开发过程的进行，问题会变得更加严重。因此，在规划过程的最后步骤中，团队应从一些具体问题出发，对过程和结果进行评价和反思：机遇漏斗是否收集了令人激动和各不相同的产品机遇？分配给产品开发的所有资源是否足以贯彻企业的竞争策略？产品规划是否针对企业面临的最重要的当前机遇？产品规划是否支持企业的竞争性策略？是否考虑了运用有限资源的创造性方法？核心团队是否接受了最终任务书的挑战？任务书的各部分是否协调？任务书中的假定条件是否真的必要？项目是否过度约束？开发团队是否有开发最好性能产品的自由？如何改进产品规划过程？等等。这样的批评和反思是个不间断的过程。这一过程中的步骤可以同时执行，以确保多项计划和决策互相协调并与企业的目标、能力和约束协调一致。

4.1.3 产品开发流程与产品设计规划

产品开发不可能一蹴而就，有其自身遵循的客观规律。我们可以大致了解下新产品开发活动的具体步骤。当然，它只能是大致的，因为全过程必然随产业的不同而不同，随各个公司管理决策的不同而不同。

4.1.3.1 产品开发流程

产品开发的整个流程以一张图概括（图4-3）。

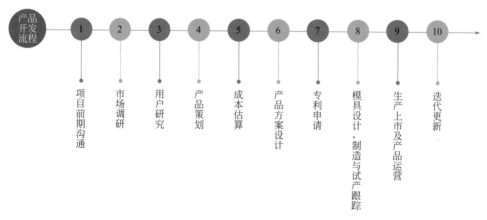

图4-3 产品开发流程

（1）项目前期沟通

一个项目在立项前必须要做充分的资料收集以及与客户沟通，沟通的主要内容包括产品定位、设计方向、用户需求、设计内容、设计风格等。如果与工业设计公司有过项目合作经历的人，一定很清楚在项目开始前需要双方沟通确认一个"设计输入表"或相应的文件。前期工作做得越细致越充分，后面项目顺利运行的可能性就越大，成功率也越高。

在对产品进行任何设计工作之前，必须首先定义产品或产品系列。这个定义的起源可以是消费者需求驱动、趋势和时尚、竞争对手产品、零售买家建议、现有成功品牌或公司品牌战略的延续，甚至是基于非常酷和独特的发明或想法。这有助于设计人员了解竞争产品的外观和质量水平，产生新的想法，远离复制的形状和形式。

（2）市场调研

市场调研这个环节是很重要的，内容涉及行业分析、竞品分析、消费人群分析、产品痛点分析、案例分析、技术可行性等。通过认真细致地对市场进行多方面综合分析，摸清市场，找出产品方向、消费人群、机会点等，取长补短，迎合市场，才能设计出有创意且有市场需求的成功产品。

（3）用户研究

在设计和开发之前，评估产品是否有强烈的市场需求是至关重要的。可通过用户研究来评估产品与市场的契合度。通过用户研究收集数据，将这些数据归纳，作为共同的主题来验证我们的发现。

在进行用户研究时，我们还需要了解目标用户，因此创建用户角色是此过程的重要环节。确定用户角色的目的是帮助我们在与用户产生共鸣时，能够针对关键受众群体制定可靠、现实的方案。最终了解设计项目的目标，并提出一个明确的工作任务。

（4）产品策划

充分的市场调研给产品策划提供了数据导向的决策依据，产品策划主要针对经过市场调研确立下来的市场需求，提出一个产品或一个产品线开发的整体思路。产品策划的类型可以分为全新产品开发、旧产品改良设计、旧产品新用途扩展。如果从现代营销角度上来看，产品策划的过程和内容包括产品创意分析、可行性评价、产品目标策划、产品研发策划、产品营销策划等方面，广义的产品策划可以涵盖企业从产品开发、上市、销售乃至产品周期终结的全过程的活动及方案。

通常狭义的产品策划输出是产品要求的说明或提纲，形成产品的初始规范，如产品性能特性、感官特性、电气屏蔽特性、安装布局或配合要求、包装要求、适用的标准和法规、质量验证和保证、成本或价格等。产品策划是企业有效实现产品产业化的核心。

（5）成本估算

设计产品之前，最先要做的就是评估产品机会。评估产品机会大致可以解决一个问题——产品创意是否有价值？这个时候，产品尚且处在概念阶段，仅仅知道产品创意和待解决的问题，所以也只能先预估项目的规模大小——小、中、大。根据评估出来的项目规模，粗略估算项目成本。用这种方式估算的项目必然是不准确的，但这种误差是可接受的，不至于出现跨级别的误差。

成本估算要明确以下两件事情：①明确产品有价值；②预估的产品成本可接受。

（6）产品方案设计

在研究分析总结的基础上，通过头脑风暴讨论等方法，形成若干有创意的想法，并利用草图解决方案和简单的二维效果表达式来寻找设计解决方案。计划达成后，需要与企业进行内部评估和讨论，确定方向。这一阶段的任务也非常重要，分为概念草图阶段和深化设计阶段。

概念草图方案设计，创意是它们的标签。在这一阶段，设计师或设计公司会将之前的资料信息、产品要求等进行分析提炼，结合头脑风暴找出创新性的解决方案，形成创意概念，并逐渐优化，然后进行外观设计。

深化设计是在确定的方向上，进一步描述产品的机理功能、造型色彩、材料工艺、表面处理、用户体验、人机界面等细节，并生成三维仿真结果和多个解决方案的详细演示，并向企业提交更深入的产品设计方案。结构设计在此阶段是产品实现非常重要的一个环节，它是针对产品的内部结构、机械连接部分的设计。结构设计的好坏，直接影响产品的实现质量和制造成本。

（7）专利申请

在准备生产之前可以申请实用新型专利或者发明专利，保护产品后期的生产销售。一般情况下最好找专业的专利供应商帮忙申请，因为专利文件的规格有严格要求，新手难免需要非常多的时间编写。

首先准备好文字内容，描述包括：技术现状如何？有哪些不足？新改良是什么？怎么解决问题？克服了什么不足与缺陷？列明本次需要保护的主要点等，附上清晰的结构图，说明如何运作等。

（8）模具设计，制造与试产跟踪

产品结构设计好了之后，在模具设计与制造之前往往要制造结构手板（模型）来进行验证，验证好了之后才进行模具设计与制造。塑胶模具的制作周期较长，如果是精密模具则要求更高了。试模一次、两次甚至要经过多次，才将产品零件打磨好。

试模与试产跟踪紧密联系，试产跟踪的目的是尽快将试模确定的结构件和其他零件装配起来形成产品，以更快更全面地检验产品生产工艺是否完善，如果发现有问题及时解决，使得产品项目尽快落地。

（9）生产上市及产品运营

通过试验校正试出认可的产品后，就可以批量生产推向市场。与此同时，在产品运营时，要做好后期维护工作，确保产品能够正常运行，避免服务崩塌；在这之间还要对信息进行跟踪，从而做好活动运营，监测产品的满意度及活跃度，并进行数据运营。

产品试用、销售使用，善于收集和重视后续的市场反馈意见，可以反过来改善产品的品质和性能，并为产品的迭代提供设计依据。

（10）迭代更新

不管任何东西都有一个生命周期，产品也不例外，这时就要求产品经理对产品进行规划、研究，对产品进行微创新，而不是进行大力创新，也不要长时间不进行产品的更新，因为用户的需求是在不断增多的，单一的产品功能已经满足不了用户了，这时就要进行产品创新，使产品多元化。才能留住用户，占领市场份额，获取利润。

4.1.3.2 产品设计规划

不管产品开发流程如何，产品设计规划都属于产品开发总体规划中的一部分，其含有的内容也基于企业总体战略和规划。产品设计规划与产品开发流程的关系，如图 4-4 所示。

产品设计规划是依据企业整体发展战略目标和现有情况，结合外部动态形势，合理地确定本企业产品的全面发展方向和实施方案，以及一些关于周期、进度等的具体问题。产品设计规划在时间上要领先于产品开发阶段，并参与产品开发全过程。

产品设计规划的主要内容包括：产品项目的整体开发时间和阶段任务时间计划；确定各个部门和具体人员各自的工作及相互关系与合作要求，明确责任和义务，建立奖惩制度。结合企业长期战略，确定该项目具体产品的开发特性、目标、要求等内容。

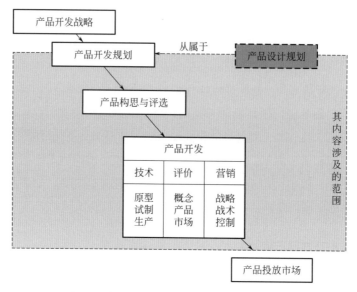

图 4-4 产品设计规划与产品开发流程的关系

产品设计及生产的监控和阶段评估、产品风险承担的预测和分布、产品宣传与推广、产品营销策略、产品市场反馈及分析、建立产品档案，这些内容都在产品设计启动前安排和定位，虽然这些具体工作涉及不同的专业人员，但其工作的结果却是相互关联和相互影响的，最终将交集完成一个共同的目标，体现共同的利益。在整个过程中，需存在一定的标准化操作技巧，同时需要专职人员疏通各个环节，监控各个步骤，其间既包括具体事务管理，也包括具体人员管理。

4.1.4 案例：关于 IBM 公司 1993 年推出的 ThinkPad750C 笔记本电脑

4.1.4.1 对 ThinkPad 的简要介绍

2005 年之前，ThinkPad 是 IBM 公司 PC（个人计算机）事业部旗下的便携式计算机品牌，凭借坚固和可靠的性能在业界享有很高的声誉。2005 年之后，联想收购 IBM 公司的 PC 事业部，ThinkPad 商标为联想所有。

ThinkPad 带有"思考"之意。ThinkPad 之父内藤先生曾说："如果人们能够赋予一种产品以思考的力量，那么它必定拥有超越于技术之上的价值。"

关于"ThinkPad"这个名称的灵感来源，据说是来自 IBM 公司内部的一种便签簿。每一位 IBM 公司的雇员或到 IBM 训练中心受训的人，都会拿到一本便签簿（便签簿的英文名为 pad），上面印着企业的座右铭"THINK"。在一次讨论便携式电脑产品名称的会议上，一名参会人员随意扔便签簿的动作，让其他参会人员受到启发，提出用

"ThinkPad"这个名字。ThinkPad这个名字不仅获得了管理高层的喜爱，也受到广大消费者的欢迎，觉得它打破了一般厂商呆板的产品命名原则，叫起来朗朗上口，友好而响亮，与产品的杰出性能也相得益彰。

ThinkPad 一直保持着自身经典而独到的设计特色，如：红色的指点杆（Track Point，俗称小红点）、键盘灯（Think Light）、全尺寸键盘和主动保护系统（Active Protection System，APS）。Track Point（小红点）第一次出现在 ThinkPad 笔记本上。这一设计极为符合人体工程学：用指尖轻推指点杆，底部的陶瓷板就会灵敏感应，准确定位鼠标位置和移动方向，让用户在使用的时候达到最大程度的方便与舒适。这种人性化的设计一直沿用至今，并成为 ThinkPad 的独特象征（图 4-5）。

图 4-5　ThinkPad 的经典外观造型

ThinkPad 最初的设计是由 IBM 公司位于日本的大和设计中心承担的。设计最初的灵感源于日本吃午餐时用的一种传统的黑色漆器饭盒——松花堂便当盒。设计小组当时的想法是便当盒的外表简朴而内涵丰富，足以引起人们的好奇心，而这一点正好与将要发布的笔记本电脑设计概念吻合。在笔记本颜色的选择上，设计部门内部曾展开了激烈的争论。在 20 世纪 90 年代初期，个人电脑的颜色多为珍珠白色，包括当时 IBM 公司旗下的第一款笔记本 IBM PS/55 5535-S。但 ThinkPad 却最终确定黑色外壳，从而开启了黑色笔记本的时代典范。设计者认为，黑色让笔记本显眼而不张扬、出众而不轻佻，与商务笔记本用户的气质和品味最为吻合。最后再配以红色作为局部装饰，使得 ThinkPad 优雅庄重而又不失个性色彩。

4.1.4.2　1993 年 ThinkPad 750C 的推出

在推出 ThinkPad 750C 之前，IBM 公司在 1992 年推出了第一台以 ThinkPad 命名的笔记本电脑 ThinkPad 700C（图 4-6）。ThinkPad 700C 获得过无数荣誉，其中包括 *PC Magazine* 1992 年度技术卓越奖和最佳系统奖、《商业周刊》1992 年度最佳产品奖、

PC Computing 1992 年度最有价值产品奖和最佳笔记本奖等。它采用了 10.4 英寸 TFT 显示器，分辨率达到了 VGA（640×480）水平。使用了 486SL 处理器，25MHz 主频、16MB 内存、120MB 硬盘，重量达 3.5 千克。

图 4-6　ThinkPad 700C

ThinkPad 700C 的推出，意味着 ThinkPad 领导移动计算技术发展的历程从此开始。黑色的外观设计和红色指点杆（TrackPoint）从此成为 ThinkPad 的经典特征。

　　然而，在紧接着的 1993 年，ThinkPad 750C（图 4-7）的推出，却遭到了 IBM 公司内部组织结构的阻碍。在 1993 年 6 月 6 日 ThinkPad 750C 推出之后的一天，IBM 公司在《纽约时报》发表了一篇报道，其中说道："我们想打破原有制造者、销售者、研究者们故步自封的状况，希望他们能够根据项目开发整体规划去安排他们的工作计划。"

图 4-7　ThinkPad 750C

报道中还有 ThinkPad 750C 开发项目的负责人布鲁斯·克拉夫林（Bruce Claflin）讲述的关于此次开发项目受阻的故事。

直到 1992 年的夏天，公司的工作模式仍然是最早生产 ThinkPad 700C 时建立的，但该模式存在着结构性问题。在新的开发项目上，公司在表面上是重组了，但原有的组织结构仍然影响着公司的工作方式。克拉夫林先生回忆起一次关于 ThinkPad 的会议，他的一位同事就一些产品细节问题提出反对意见时说："我不同意。"——这是 IBM 人在老体制下对某项决定有异议时常用的词语。这个不同意通常会使决定拖延数月。克拉夫林说，"现在情况不同了，经过 ThinkPad 700C 的开发，IBM 公司内部结构进行了重新构架，项目团队各个部门都根据项目开发总规划来安排各自的进程，效果和进度都得到了很大的提升"。他还说，"不要跟我说那个词（我不同意），使用那个词的时代已经过去了。如果我们不改变做事方式的话，我们将扼杀 ThinkPad，那套老的管理方法会毁了这个产品"。

ThinkPad 750C 的推出，再次获得了辉煌的成功，确立了 ThinkPad 品牌在笔记本电脑领域的特殊地位。ThinkPad 750C 随同美国"奋进号"航天飞机，执行了清洁哈勃空间望远镜的任务，并在此次任务中，主要担任运行美国宇航局（NASA）的一个测试程序，以确定在太空环境下的宇宙射线，是否会导致笔记本电脑的存储异常或其他意想不到的问题发生，成为历史上第一个进入太空的笔记本电脑。

ThinkPad 750C 是首款支持扩展底座的笔记本电脑，它的底座设计大大扩展了笔记本电脑外围设备的互联能力和灵活性，因此获得无数殊荣，其中包括 *PC Computing* 期刊的"1993 年最有价值产品奖"和"最佳笔记本奖"、*PC Magazine* 期刊的"编辑选择奖"、*Datamation* 期刊的"1993 年度产品奖"等。

这个故事告诉我们，在任何一个团队合作的整体开发项目里，明确战略目标、制定产品开发规划以及与各部门整体配合规划执行的重要性。整体业绩并不是单个部门业绩的总和，而是各部门业绩之间综合作用的结果。业绩的产生来自各个部门在统一规划之下的相互作用，而不是每个部门独立于其他部门所获得的成果。在一个团队组织里，不论是一个部门还是个人，其各自的努力只有配合整体目标才有意义。

在这之后的十几年时间里，ThinkPad 在 IBM 公司合作无间的团队的共同努力下，创造出了一个又一个的神话。

/ 4.2 / 产品品牌设计（PI）

品牌，是我们这个时代重要的话题之一。品牌的事，从来没有像今天这样多。随着全球竞争日益激烈，品牌是穿越竞争的喧嚣打动人们心灵和思想的最有效方法，以品牌引导商业变革的时代已经到来。

在世界各地，朗涛的客户正在颠覆商业运作的标准方式。过去是先生产产品，后建立品牌。朗涛的策略刚好相反，一开始就要确立品牌承诺。以其为导向，让品牌驱动业务，而并不只是包装品牌。对客户而言，这种改变产生了深远的影响：赢得客户，统一企业，行业领先。再了解一下联邦快递、宝洁，你就更加深有体会。

4.2.1　品牌的概念

4.2.1.1　品牌的定义

品牌即产品（品类）铭牌，是用于识别产品（品类）或是服务的标识、形象等。品牌的一般定义是指消费者对产品及产品系列的认知程度。更深层次的表达是：能够做到口口相传的牌子才称得上品牌，品牌是一个建立信赖关系的过程。

（1）一般意义上的定义

品牌是一个名称、名词、符号或设计，或者是它们的组合，其目的是识别某个销售者或某一群销售者的产品或劳务，并使之同竞争对手的产品和劳务区别开来。

品牌是企业或品牌主体（包括城市、个人等）一切无形资产总和的全息浓缩，而"这一浓缩"又可以以特定的"符号"来识别；它是主体与客体、主体与社会、企业与消费者相互作用的产物。

（2）品牌本源的定义

品牌是一个中性的词语，品牌并不总是正面的，也有负面的，它是品牌的消费者和经营者共同作用的结果。如果用简练扼要、精辟鲜明的语言从本源上对品牌进行定义的话，品牌定义应该是品牌经营者（主体）和消费者（受众）之间心灵的烙印。简而言之，品牌就是心灵的烙印。烙印是美丽还是丑陋，是深还是浅，就决定着品牌力量的强弱，品牌资产的多寡和品牌价值的高低。

（3）品牌的价值

品牌的价值包括用户价值和自我价值两部分。品牌的功能、质量和价值是品牌的用户价值要素，即品牌的内圣三要素；品牌的知名度、美誉度和普及度是品牌的自我价值要素，即品牌的外王三要素。品牌的用户价值大小取决于内圣三要素，品牌的自我价值大小取决于外王三要素。

（4）品牌与商标

"品牌"不是"商标"。"品牌"指的是产品或服务的象征。而符号性的识别标记，指的是"商标"。品牌所涵盖的领域，则必须包括商誉、产品、企业文化以及整体营运的管理。

4.2.1.2　品牌的意义

Philip Kotler 行销管理大师说：品牌的意义在于企业的骄傲与优势，当公司成立后，品牌力就因为服务或品质，形成无形的商业定位。

品牌首先是独占性的商业符号，也就是商标。然后，这一符号需要被人认知，也就是具有意义。品牌带给消费者的是一种心灵需求的情感价值，这个价值也是利益。

（1）品牌的由来

品牌的英文单词 brand，源自古挪威文 brandr，意思是"烧灼"。人们用这种方式来标记家畜等需要与其他人相区别的私有财产。到了中世纪的欧洲，手工艺匠人用这种打烙印的方法在自己的手工艺品上烙下标记，以便顾客识别产品的产地和生产者。这就产生了最初的商标，并以此为消费者提供担保，同时向生产者提供法律保护。16 世纪早期，蒸馏威士忌酒的生产商将威士忌装入烙有生产者名字的木桶中，以防不法商人偷梁换柱。到了 1835 年，苏格兰的酿酒者使用了"Old Smuggler"这一品牌，以维护采用特殊蒸馏程序酿制的酒的质量声誉。

在《牛津大辞典》里，品牌被解释为"用来证明所有权，作为质量的标志或其他用途"，即用以区别和证明品质。随着时间的推移，商业竞争格局以及零售业形态不断变迁，品牌承载的含义也越来越丰富，甚至形成了专门的研究领域——品牌学。

（2）品牌的特征

① 品牌是专有的品牌——排他性。品牌是用以识别生产或销售者的产品或服务的。品牌拥有者经过法律程序的认定，享有品牌的专有权，有权禁止其他企业或个人仿冒、伪造。这一点是指品牌的排他性。

② 品牌是企业的无形资源。由于品牌拥有者可以凭借品牌的优势不断获取利益，可以利用品牌的市场开拓力、形象扩张力、资本内蓄力不断发展，因此我们可以看到品牌的价值。这种价值我们并不能像物质资产那样用实物的形式表述，但它能使企业的无形资产迅速增大，并且可以作为商品在市场上进行交易。

1994 年世界品牌排名第一的是美国的可口可乐，其品牌价值为 359.5 亿美元，相当于其销售额的 4 倍。到 1995 年可口可乐的品牌价值上升到 390.50 亿美元，1996 年又上升为 434.27 亿美元。

③ 品牌转化具有一定的风险及不确定性。品牌创立后，在其成长的过程中，由于市场的不断变化，需求的不断提高，企业的品牌资本可能壮大，也可能缩小，甚至某一品牌在竞争中退出市场。品牌的成长由此存在一定风险，对其评估也存在难度，对于品牌的风险，有时由于企业的产品质量出现意外，有时由于服务不过关，有时由于品牌资本盲目扩张，运作不佳，这些都给企业品牌的维护带来难度，对企业品牌效益的评估也出现不确定性。

④ 品牌的表象性。品牌是企业的无形资产，不具有独立的实体，不占有空间，但它最原始的目的就是让人们通过一个比较容易记忆的形式来记住某一产品或企业，因此，品牌必须有物质载体，需要通过一系列的物质载体来表现自己，使品牌形式化。品牌的直接载体主要是文字、图案和符号，间接载体主要有产品的质量、产品服务、知名度、美誉度、市场占有率。没有物质载体，品牌就无法表现出来，更不可能达到品牌的整体传播效果。优秀的品牌在载体方面表现较为突出，如"可口可乐"的文字，使人们联想到其饮料的饮后效果，其红色图案及相应包装能起到独特的效果。

⑤ 品牌的扩张性。品牌具有识别功能，代表一种产品、一个企业，企业可以利用这一优点展示品牌对市场的开拓能力，还可以帮助企业利用品牌资本进行扩张。

（3）品牌的作用

① 品牌——产品或企业核心价值的体现。企业不仅要将商品销售给目标消费者或用户，而且要使消费者或用户通过使用对商品产生好感，从而重复购买，不断宣传，形成品牌忠诚，使消费者或用户重复购买。消费者或用户通过对品牌产品的使用，形成满意，就会围绕品牌形成消费经验，存贮在记忆中，为将来的消费决策提供依据。一些企业更为自己的品牌树立了良好的形象，赋予了美好的情感，或代表了一定的文化，使品牌及品牌产品在消费者或用户心目中形成了美好的记忆，比如"麦当劳"这个品牌会使人们感受到一种美国文化、快餐文化，会联想到质量、标准和卫生，也能由"麦当劳"品牌激起儿童在麦当劳餐厅里尽情欢乐的回忆。

② 品牌——识别商品的分辨器。品牌的建立是由于竞争的需要，可用来识别某个销售者的产品或服务。品牌设计应具有独特性，有鲜明的个性特征，品牌的图案、文字等与竞争对手的相区别，代表本企业的特点。同时，互不相同的品牌各自代表着不同形式、不同质量、不同服务的产品，可为消费者或用户购买、使用提供借鉴。通过品牌人们可以认知产品，并依据品牌选择购买。例如人们购买汽车时，每种品牌代表了不同的产品

特性、不同的文化背景、不同的设计理念、不同的心理目标，消费者和用户便可根据自身的需要进行选择。

③ 品牌——质量和信誉的保证。企业设计品牌、创立品牌、培养品牌的目的是希望此品牌能变为名牌，于是在产品质量上下功夫，在售后服务上做努力。同时品牌代表企业，从长远发展的角度来说，企业必须从产品质量上下功夫，于是品牌，特别是知名品牌就代表了一类产品的质量档次，代表了企业的信誉。比如人们提到优质家电就会联想到高质量的海尔家电，海尔的优质售后服务及海尔人为消费者用户着想的动人画面。再如"耐克"作为运动鞋的世界知名品牌，其人性化的设计、高科技的原料、高质量的产品为人们所共睹。企业的信誉、产品的质量是企业竞争的利器。

④ 品牌——企业的"摇钱树"。品牌以质量取胜，品牌常附有文化，情感内涵，所以品牌给产品增加了附加值。同时，品牌有一定的信任度、追随度，企业可以为品牌制定相对较高的价格，获得较高的利润。品牌中的知名品牌在这一方面表现最为突出，如海尔家电，其价格一般比同等产品高。我们还可以再看一看著名饮料企业可口可乐的例子：可口可乐公司 1999 年的销售总额为 90 亿美元，其利润为 30%，除去 5% 是由资产投资带来的利润，其余 22.5 亿美元均为品牌为企业带来的高额利润，由此可见品牌特别是名牌给企业带来的较大的收益。

⑤ 品牌——卖得更贵 + 卖得更多，驱动生意，即"生意导向的品牌管理"。

从需求的角度来说，人们的需求主要有两大类：功能性需求与情感性需求。产品价值一般满足的是前者，而品牌价值却是两类需求都可以满足。所以随着同类产品价值的不断趋同，其价值感对消费者来说就越来越低，有品牌价值的产品就更受消费者的青睐。企业所塑造的产品品牌应该是该产品对应的消费者的情感价值的具体体现。产品可以被贩卖，品牌也能被贩卖，消费者买一个产品，获得的是产品功能利益，而如果消费者买的是有品牌价值的产品，它就会获得除产品价值之外的品牌价值。产品满足的是消费者的功能利益，而品牌还可以满足消费者的情感利益。消费者为了二种利益的同时满足，就会选择品牌消费。

4.2.2 品牌文化

（1）品牌文化概述

品牌文化（Brand Culture），指通过赋予品牌深刻而丰富的文化内涵，建立鲜明的品牌定位，并充分利用各种强有效的内外部传播途径形成消费者对品牌在精神上的高度认同，创造品牌信仰，最终形成强烈的品牌忠诚。拥有品牌忠诚就可以赢得顾客忠诚，赢得稳定的市场，大大增强企业的竞争能力，为品牌战略的成功实施提供强有力的保障。

① 品牌文化的核心。品牌文化的核心是文化内涵。具体而言是其蕴涵的深刻的价值内涵和情感内涵，也就是品牌所凝练的价值观念、生活态度、审美情趣、个性修养、时尚品位、情感诉求等精神象征。品牌文化的塑造通过创造产品的物质效用与品牌精神高度统一的完美境界，超越时空的限制带给消费者更多的高层次的满足、心灵的慰藉和精神的寄托，在消费者心灵深处形成潜在的文化认同和情感眷恋。在消费者心目中，他们所钟情的品牌作为一种商品的标志，除了代表商品的质量、性能及独特的市场定位以外，更代表他们自己的价值观、个性、品位、格调、生活方式和消费模式；他们所购买的产品也不只是一个简单的物品，而是一种与众不同的体验和特定的表现自我、实现自我价值的道具；他们认牌购买某种商品也不是单纯的购买行为，而是对品牌所能够带来的文化价值的心理利益的追逐和个人情感的释放。因此，他们对自己喜爱的品牌形成强烈的信赖感和依赖感，融合许多美好联想和记忆，他们对品牌的选择和忠诚不是建立在直接的产品利益上，而是建立在品牌深刻的文化内涵和精神内涵上，维系他们与品牌长期联系的是独特的品牌形象和情感因素。这样的顾客很难发生"品牌转换"，毫无疑问是企业的高质量、高创利的忠诚顾客，是企业财富的不竭源泉。可见，品牌就像一面高高飘扬的旗帜，品牌文化代表着一种价值观、一种品位、一种格调、一种时尚、一种生活方式，它的独特魅力就在于它不仅仅提供给顾客某种效用，而且帮助顾客去寻找心灵的归属，放飞人生的梦想，实现他们的追求。

② 品牌文化的作用。通过品牌文化来加强品牌力，不仅能更好地实现企业促销的商业目的，还能有效承载企业的社会功能。社会营销观念认为企业在满足消费者需求、取得企业利润的同时，也需要考虑社会的长期整体利益。这要求企业在宣传自己产品功效品质的同时，也要弘扬优秀的文化，倡导正确的价值观，促成社会的进步。美国经济学家 W．C．弗莱德里克认为，作为现时代核心组织的企业，"它所面临的社会挑战就是要寻找一条使经济与道德相统一的途径"。通过塑造优秀的品牌文化，来表明企业坚持积极的文化理念，也是促进社会利益的一种体现。

品牌文化满足了目标消费者物质之外的文化需求。行为科学的代表人物梅奥·罗特利斯伯格提出"社会人"的概念，认为人除了追求物质之外，还有社会各方面的需求。品牌文化的建立，能让消费者在享用商品所带来的物质利益之外，还能有一种文化上的满足。在这种情况下，有时市场细分的标准就是以文化为依据。"在这个世界上，我找我自己的味道，口味很多，品味却很少，我的摩卡咖啡。"这是一则摩卡咖啡的电台广告，它就有基于文化细分上的鲜明的目标市场：不赶时尚、有自己的品位的少部分人，同时暗示他们选择摩卡咖啡就是坚持这种生活方式的体现。

品牌文化的塑造有助于培养品牌忠诚群，是重要的品牌壁垒。按消费者的忠诚度，一个市场可分为坚定型、不坚定型、转移型和多变型。其中品牌坚定忠诚群对企业最有价值。最理想的是培养一个品牌的坚定忠诚者在买主中占很高比例的市场，但事实不能如此完美。由于市场竞争十分激烈，往往会有大量的消费者从坚定者变为不坚定者和转移者。因此维护、壮大品牌的忠诚群体至关重要。该品牌能保持强有力的商品力无疑是最关键的。但在品牌树立、壮大过程中，也应该始终向目标消费者灌输一种与品牌联想相吻合的积极向上的生活理念，使消费者通过使用该品牌的产品，达到物质和精神两方面的满足。

尤其在竞争激烈的今天，不同品牌的同类产品之间的差异缩小，要让消费者在众多的品牌中，在心理上能鲜明地识别一个品牌，有效的方法是让品牌具有独特的文化。可以将此称为品牌的文化差异战略。贝纳通是世界著名的服装品牌。为了让贝纳通树立自己的特色，经营者为贝纳通塑造了"爱自然、爱人、关怀社会"的品牌文化。贝纳通的广告都以环境污染、战争灾难等为题材，远远超越了一般的广告观念，进而成为时代特征，具有强大的冲击力，使贝纳通的品牌形象脱颖而出独树一帜。

③ 品牌文化的塑造。为品牌塑造的文化是否合适，一般有两个标准。一是这种文化要适合产品特征。产品都有自己的特性，如在什么样的场景下使用，产品能给消费者带来什么利益等。百贝佳（牙膏品牌）宣传"世界的早晨从百贝佳开始"，雀巢则时刻传递给人一份温暖和关爱。品牌文化要与产品特性相匹配，才能让消费者觉得自然、可接受。有的时候，品牌经营者采用的是品牌延伸策略，即一个品牌下有许多品种的产品，这时就要抓住产品的共性。如西门子这一品牌涉及家电、电力、医疗器械、通信等众多行业，但西门子始终坚持一种可靠、严谨的品牌文化，让大众认为西门子代表着德国一丝不苟的民族传统。二是这种文化要符合目标市场消费群体的特征。品牌文化要从目标市场消费群体中去寻找，要通过充分考察消费者的思想心态和行为方式而获得。只有这样，这种品牌文化才容易被目标市场消费者认同，才能增强品牌力。

（2）品牌文化与时尚文化

对某些产品来讲，十分适合在品牌文化中引入时尚的内容，如服饰、运动产品等。时尚指的是一个时期内相当多的人对特定的趣味、语言、思想以及行为等各种模式的跟随或追求。如何倡导一种品牌时尚，简言之，就是要分析消费者的现时心态，并通过商品将消费者的情绪释放出来，并激励大众参与。

倡导品牌时尚一个重要的途径是利用名人、权威的效应。由于名人和权威是大众关注和模仿的焦点，因此有利于迅速提高大众对品牌的信心。如力士香皂就一贯坚持让著名影星作为其推介证言的策略，在不断的积累中成功地使力士的品牌文化与时尚联系在了一起。当然选用名人来做广告需要谨慎和恰如其分，一般要考虑到名人、权威与品牌之间的联系。

另外，还要努力将时尚过渡为人们稳定生活方式的一部分。由于时尚是一个特定时期内的社会文化现象。随着时间推移，时尚的内容将发生改变。所以在借助和创造时尚的同时，也应考虑到时尚的消退。一个有效的措施是在时尚成为高潮时，就有意识地转换营销策略，引导消费者将这种时尚转化为日常生活的一部分。以雀巢咖啡为例，从其进入中国大陆，掀起喝咖啡的时尚，到今天，喝咖啡已成了众多人的生活习惯了。

（3）品牌文化与民族传统文化

品牌文化是与民族传统文化紧紧联系在一起的。将优秀的民族传统文化融入品牌文化，更易让大众产生共鸣。

我国的民族传统文化，注重家庭观念；讲究尊师敬老、抚幼孝亲；强调礼义道德、伦理等级、中庸仁爱；追求圆满完美；崇尚含蓄、温和与秩序等。

如我国台湾的一个"北方"品牌的水饺就从品牌名上做文章，将其独特的民族传统文化融入品牌文化中，打动了消费者的心。它的广告文案是："古都北京，最为人所称道、怀念的，除了天坛、圆明园外，就该是那操一口标准京片子的人情味和那热腾腾、皮薄馅多汁鲜、象征团圆的水饺儿。今天，在宝岛台湾，怀念北京，憧憬老风味，只有北方水饺最能令你回味十足，十足回味。"这个品牌的文化就十分自然地将其与传统文化中注重祖国统一、亲人团聚等情结连在了一起。

（4）品牌文化的功能

品牌文化一旦形成，就会对品牌的经营管理产生巨大影响和能动作用。它有利于各种资源要素的优化组合，提高品牌的管理效能，增强品牌的竞争力，使品牌充满生机与活力。具体地讲，品牌文化有如下功能。

① 导向功能。品牌文化的导向功能体现在两个方面。一方面，在企业内部，品牌文化集中反映了员工的共同价值观，规定着企业所追求的目标，因而具有强大的感召力，能够引导员工始终不渝地为实现企业目标而努力奋斗，使企业获得健康发展；另一方面，在企业外部，品牌文化所倡导的价值观、审美观、消费观，可以对消费者起到引导作用，把消费者引导到和自己的主张相一致的轨道上来，从而提高消费者对品牌的追随度。

② 凝聚功能。品牌文化的凝聚功能体现在两个方面。一方面，在企业内部，品牌文化像一种强力黏合剂，从各个方面、各个层次把全体员工紧密地联系在一起，使他们同

心协力，为实现企业的目标和理想而奋力进取。这样，品牌文化就成为团队精神建设的凝聚力。另一方面，在企业外部，品牌所代表的功能属性、利益认知、价值主张和审美特征会对广大消费者产生磁场作用，使品牌像磁石一样吸引消费者，从而极大地提高消费者对品牌的忠诚度。同时，其他品牌的使用者也有可能被吸引过来，成为该品牌的追随者。

③ 激励功能。物质激励到了一定程度，会出现边际递减现象，而精神激励的作用更强大、更持久。优秀的品牌文化一旦形成，在企业内部就会形成一个良好的工作氛围，它可以激发员工的荣誉感、责任感、进取心，使员工与企业同呼吸、共命运，为企业的发展尽心尽力。对消费者而言，品牌的价值观念、利益属性、情感属性等可以创造消费感知，丰富消费联想，激发他们的消费欲望，使他们产生购买动机。因此，品牌文化可以将精神财富转化为物质财富，为企业带来高额利润。

④ 约束功能。品牌文化的约束功能是通过规章制度和道德规范发生作用的。一方面，企业在生产经营过程中，必须通过严格的规章制度对所有员工进行规范，使之按照一定的程序和规则办事，以实现企业目标。这种约束是硬性的，是外在约束。另一方面，企业文化的约束作用更多是通过道德规范、精神、理念和传统等无形因素，对员工的言行进行约束，将个体行为从众化。这种约束是软性的，是内在约束。和规章制度相比，这种软约束具有更持久的效果。

⑤ 辐射功能。品牌文化不能复制，但一旦形成，不仅会在企业内部发挥作用，还可以通过形象塑造、整合传播、产品销售等各种途径影响消费群体和社会风尚。大体上说，品牌辐射主要有以下四种方式。

a. 软件辐射。即通过企业精神、价值观、伦理道德、审美属性等向社会扩散，为社会文明进步做出贡献。

b. 产品辐射。即通过产品这种物质载体向社会辐射。例如我们可以通过劳斯莱斯产品去感受一种卓越的汽车文化。因为劳斯莱斯的员工不是在制造冷冰冰的机器，而是以人类高尚的道德情操和艺术家的热情去雕琢每一个零件，每一环工序制作出来的东西都是有血有肉的艺术极品。

c. 人员辐射。即通过员工的言行举止和精神风貌向社会传播企业的价值观念。例如，美国 IBM 公司有"蓝色巨人"之称，这个名字源于公司的管理者人人都穿蓝色西服。公司高级职员在异国犹如贵宾，如果他们迷路或惹上麻烦，身上佩戴的职衔名牌比美国护照还管用。凡是有 IBM 公司工作经历的人，都是社会上争先抢聘的对象。

d. 宣传辐射。即通过媒体等多种宣传工具传播品牌文化。

⑥ 推动功能。品牌文化可以推动品牌经营长期发展，使品牌在市场竞争中获得持续的竞争力；也可以帮助品牌克服经营过程中的各种危机，使品牌经营健康发展。品牌文

化对品牌经营活动的推动功能主要源于文化的能动作用，即它不仅能反映经济，而且能反作用于经济，在一定条件下可以促进经济的发展。利用品牌文化提高品牌经营效果有一个时间上的积累过程，不能期望它立竿见影。但只要持之以恒重视建设品牌文化，必然会收到良好的成效。其实，品牌文化的导向功能也算是另一种推动功能。因为品牌文化规定着品牌经营的目标和追求，可以引导企业和消费者主动适应更有发展前途的社会需求，从而导向胜利。

⑦ 协调功能。品牌文化的形成使员工有了明确的价值观念和理想追求，对很多问题的认识趋于一致。这样可以增强他们之间的相互信任、交流和沟通，使企业内部的各项活动更加协调。同时，品牌文化还能够协调企业与社会，特别是与消费者的关系，使社会和企业和谐一致。企业可以通过品牌文化建设，尽可能地调整自己的经营策略，以适应公众的情绪，满足消费者不断变化的需求，跟上社会前进的步伐，保证企业和社会之间不会出现裂痕和脱节，即使出现了也会很快弥合。

4.2.3　产品品牌设计原则

4.2.3.1　品牌文化定位

（1）提高品牌的品位

品牌文化定位不仅可以提高品牌的品位，而且可以使品牌形象独具特色。通过传达诸如文化价值观、道德修养、文学艺术、科技含量等，启发联想、引导愿景、建立心智模式、平衡美感等形成一定的品位，成为某一层次消费者文化品位的象征，从而得到消费者认可，使他们获得情感和理性的满足。如劳斯莱斯定位"皇家贵族的坐骑"，金利来代表着"充满魅力的男人"，索尼"永不步人后尘，披荆斩棘创无人问津的新领域"。

（2）提高品牌价值，保持和扩大市场占有率

情感是维系品牌忠诚度的纽带，如果一种品牌不能深度引起消费者的情感共鸣，品牌将难以获得消费者的信任；通过提升品牌文化意蕴，以情营销，培养消费者对品牌的情感，使消费者对企业品牌"情有独钟"，增强品牌的人性创意和审美特性，占据消费者的心智，激起消费者的联想和情感共鸣，从而引起兴趣，促进购买。

（3）使品牌形象获得消费者认同和忠诚

英特尔前总裁格罗夫曾说过："整个世界将会展开争夺'眼球'的战役，谁能吸引更

多的注意力，谁就能成为 21 世纪的主宰。"吸引不了注意力的产品将经不起市场的惊涛骇浪，注定要在竞争中败下阵来。只有独具特色、个性化的品牌文化定位，才会有别于同类产品，才能引起消费者的好奇心。

"品牌的背后是文化""文化是明天的经济"，不同的品牌附着不同的特定的文化，企业应对文化定位予以关注和运用。

4.2.3.2 如何进行品牌文化定位

（1）围绕品牌文化核心价值而展开

有的品牌在战略上的主要误区是企业的价值活动没有围绕一个核心展开。品牌文化核心价值是品牌资产的主要部分，应有利于消费者识别和记住品牌的利益和个性，获得消费者认同、喜欢乃至爱戴。如同样是沐浴露，舒肤佳能"有效去除细菌"，六神代表的价值是"草本精华，凉爽、夏天使用最好"。因为有了自己清晰的核心价值与个性，这些品牌各自拥有了自己的固定消费群，在各自的区隔内占据最高的份额。而消费者也因为对核心价值的认同，而产生对品牌的美好联想，对品牌有了忠诚度。

（2）定位并全力维护和宣传

品牌文化核心价值已成为国际一流品牌的共识，是创造百年金字招牌的秘诀。核心价值对品牌的影响犹如基因对人的影响，人类与大猩猩的基因的差别只有 1%，但是因为这 1% 的差异人类比大猩猩聪明了不知多少倍。可见，如果没有清晰定位品牌核心价值，一个品牌不可能成长为强势品牌。如果在核心价值上差了竞争品牌一点，品牌的获利能力可能会差成百倍、上千倍。

（3）个性化定位

品牌策略家赖利·莱特（Larry Light）说："品牌的信息主要的焦点应该集中在与众不同之处，而非强调品牌有多便宜……"俗话说：如果你想讨取所有人的欢心，那么你最后只能是众叛亲离，过宽过抽象的平庸的品牌文化就是没有文化。只有独具特色、匠心独运的品牌文化才能深入人心。如"七匹狼"已成为追求成就、勇往直前、勇于挑战，年龄在 30 ~ 40 岁的男士较为青睐的男士精品品牌的代表。这种个性鲜明地表现男性精神的品牌文化，使七匹狼品牌以其深刻的文化品质，在中国男性群体时尚消费领域占据领先地位。通过对男性精神的准确把握，七匹狼公司将服装、酒类、茶品等产业统合在"男性文化"下，并围绕这一品牌文化对各类产品进行了开发和定位：服装——自信、端重；酒类——潇洒、豪放；茶品——安静、遐想。这种将男性的主要性格特征全部融入企业涉及的各行业中的现象，在我国工业企业中是罕见的，因而形成巨大的竞争力。

（4）与目标消费者共鸣

消费者的认同和共鸣是产品销售的关键。定位需要掌握消费者的购买心理和购买动机，激发消费者的情感。成功的定位：一是必须简明扼要，抓住要点，不求说出产品全部优点但求说出异点；二是应引起消费者共鸣。定位要有针对性，针对目标消费者关心的问题和他们的欣赏水平；三是定位必须是能让消费者切身感受到的，如不能让消费者作为评定品质的标准，定位便失去了意义。

任何产品的品牌文化都必须以消费者为导向，定位要以消费者接受信息的思维方式和心理为准绳，突破信息传播沟通的障碍，将定位信息传播到消费者的心里。俗话说："金杯银杯，不如社会的口碑；金奖银奖，不如老百姓的夸奖。"品牌管理的文化定位是否成功，取决于社会公众或目标消费者的评判。只有准确地表达出消费者心声的文化，才能让消费者动心。品牌文化必须来自消费者内心的呼唤，又回归消费者的心灵，必须考虑目标消费群的特征，与目标消费群的需求相吻合。如"悄悄豆"品牌正是抓住儿童与成年人完全不一样的独特心理特征，凭一句简单的广告诉求"悄悄豆，不要悄悄吃"而一举名扬全国。因此，企业要想创造名牌，就必须研究目标消费者的需求心理、文化背景、消费观念、审美观、文化价值观及其特定需求，适应其文化价值取向和审美取向，才能对目标消费者科学定位。

（5）发掘传统民族文化的精髓

只有民族的，才是世界的。如中国"景泰蓝"和法国"人头马"，承载了民族文化特色；无锡的"红豆"服装品牌和绍兴的"咸亨"酒店，分别借助人们早已熟悉和热爱的王维和鲁迅的名篇挖掘出中华历史文化的沉淀。

经过定位之后，一个品牌的文化内涵就基本建立起来，至于一个品牌文化最终成功的道路，不同品牌有不同的诠释，但无论怎样品牌文化的定位是每个企业必须努力完成的必要步骤。

品牌是企业的无形资产，企业做产品或服务，产品有产品的价值；做品牌，品牌也有品牌的价值。产品可以被贩卖，品牌也能被贩卖，消费者买一个产品，获得的是产品的利益，而如果消费者买的是有品牌价值的产品，就会获得品牌价值的利益。

"品牌的背后是文化""文化是明天的经济"，不同的品牌附着不同的特定的文化，企业应对文化定位予以关注和运用。

4.2.3.3 品牌设计遵循的原则

品牌设计就是指利用品牌元素或元素组合形成风格、表达品牌主题从而进行品牌塑造的过程。各行各业都有自己的原则需要遵守，走在时代潮流前沿的设计工作更不例外，那些行业领军的日常设计更是严格遵守着这些行业规则，所以才使得他们脱颖而出，成为行业领军者。那么，在品牌设计过程中到底有哪些基本原则呢？

（1）整体性原则

企业采用品牌战略，关系到企业的方方面面，甚至会影响品牌的生存。因此，品牌设计必须从企业的内外部环境、内容结构、组织实施、组织管理、传播媒介、企业历史、产品结构等方面综合考虑，以利于全面地贯彻落实。具体而言，就是说品牌设计要适应企业内外环境，符合企业的长远发展战略；在实施时，具体措施要配套合理，以免因为某一环节的失误而影响全局。

（2）以消费者为中心的原则

品牌设计的目的是勾画品牌形象，以方便消费者接受和认可。因此，成功的品牌设计必须能得到目标顾客的接受和认可，否则，即使吹得天花乱坠也没有任何意义。以消费者为中心就要做到以下几点。

① 对目标市场进行调查和了解。通过有效的市场分析进行准确的市场定位，否则品牌设计就是"无的放矢"。

② 以满足消费者的需要为核心。消费者的需要是企业一切活动包括品牌设计的出发点和归宿。

③ 尽量尊重消费者的习俗。习俗是一种约定俗成的东西，很难改变。进行品牌设计时应该对习俗给予尊重。利用得当，就是一种机会。

④ 正确引导消费者的观念。以消费者为中心并不表明一切都要迎合消费者的需要，企业坚持自我原则，科学合理地引导也是品牌设计的一大功能。

（3）实事求是的原则

品牌设计应立足于企业的现实条件，依据品牌定位的目标市场和品牌形象的传播要求来进行。要记住，品牌设计不是空中建楼阁。品牌设计需要突出企业的竞争优势和产品优势，但绝非杜撰或编排子虚乌有的故事。坚持实事求是的原则，做到不过分夸张，也不隐瞒问题和回避矛盾，做到扬长避短，努力突出企业的独特优势，并将其真实地展现给公众。

（4）求异创新的原则

求异创新就是要塑造个性鲜明的品牌形象和独特的品牌文化。为此，进行品牌设计时需要充分了解竞争对手的品牌情况，全面深入地了解企业的历史和现状，挖掘企业独特的文化观念，设计与众不同的视觉标识，采用新颖别致的传播手段。

（5）效益兼顾的原则

在进行品牌设计时，要做到经济效益和社会效益两者兼顾。虽然很多人认为，追求社会效益会有损企业的经济效益，是"花钱买名声"。其实从长远来看，企业在追求经济效益的同时，也努力追求良好的社会效益，反而不会有损经济效益，而是走得更远，所谓"不以赚钱为目的的企业最后都赚得盘满钵满"。

企业在追逐利润的同时要注意环境的保护、生态的平衡；在发展生产的同时注意提高员工的生活水平和综合素质，维护社会稳定，在品牌理念设计中体现社会公德、职业道德，坚持一定的道德准则。

/ 4.3 / 基于地域文化的产品品牌设计案例

4.3.1 "国色添湘"品牌策划设计（见电子资料包 5）

本案例为研究生课内训练，通过实地调研湘菜的现状，发现问题，通过用户研究、市场调研确定设计定位，对"湘菜"的形象进行重新塑造，利用服务设计理念，打造智慧餐饮、文创设计、服务设计、品牌设计等一整套全新的餐饮形象，促进经济、文化的发展。

4.3.2 产品设计策划助力企业升级——华山泉案例（潜龙工业设计）

本案例是由潜龙工业设计公司完成，是针对"华山泉"矿泉水的目前情况，通过产品设计策划，打造国家级矿泉水十强企业，全面提升原有核心市场地位，并向未来市场进行扩展。

4.3.2.1 华山泉产品设计规划基本情况

（1）饮用瓶装水行业状况

国内饮用瓶装水行业竞争激烈，并且各品牌参差不齐；国内矿泉水、纯净水、矿物质水三类并没有发挥出各类水的特色，严重制约了国内矿泉水行业的发展。如何让国内矿泉水行业走向正常，如何让矿泉水行业避免恶性竞争，如何提高全民的饮水质量，将是国内大多数矿泉水品牌所面临与将要解决的问题。

（2）华山泉处境

① 根据地市场。华山泉作为五邑地区的本土矿泉水品牌，在以五邑地区为主的二三线城市，具有较高的渠道覆盖率，主要渠道覆盖为传统渠道（小卖部、小超市），现代渠道（超市、卖场）覆盖偏弱。

创建于 1992 年的华山泉，虽然有较为稳定的消费人群（自 1992 年培养起来的 20 ～ 30 岁人群），但消费人群结构老龄化趋势明显；又由于华山泉对于年轻消费群体的培养效果不明显，从而影响了华山泉消费者的数量，使得华山泉的消费人群优势日趋不明显；随着怡宝、康师傅等品牌的进入（怡宝与华山泉的中高端消费人群形成竞争，康师傅与华山泉的低端消费人群形成竞争），五邑地区的市场竞争变得越来越激烈，也让华山泉感到了危机。

② 开拓性市场。近年来，华山泉向周边如中山、顺德等没有强势本土品牌的二线市场扩张，同时对广州、佛山等战略性一线市场进行了一定的尝试，这些市场也是其他品牌（如怡宝、屈臣氏、农夫山泉、景田、百岁山等）争夺最为激烈的区域。由于华山泉的品牌力、产品力、渠道力等方面较弱，华山泉的市场开拓举步维艰。

③ 华山泉的目标。打造国家级矿泉水十强企业、国家级矿泉水生产示范基地。虽然华山泉目前还处于较为尴尬的竞争局面，但是，华山泉希望通过新基地、新水源、新包装的改革，全面提升原有核心市场地位，并向未来市场进行扩展。

④ 华山泉的困境焦点。产品新包装如何适应新旧市场的更替？具体表现为两个方面。

a. 华山泉在五邑根据地市场，产品新包装如何稳固老顾客群体；如何不让老顾客群体流失；在抵御住外来品牌竞争的同时，如何逐步发展较为年轻的消费群体。

b. 在开拓市场方面，华山泉如何迎合年轻的消费群体，使其成为华山泉稳定的新的消费群体。

因此，通过产品设计方面的优化，以市场为导向，以产品设计策略为切入点，结合完善的设计项目管理，以产品设计的形式助力华山泉企业升级。

4.3.2.2 寻找华山泉产品核心（从现象到本质）

发挥矿泉水品类优势，把握市场增长趋势，加强消费者对矿泉水的认知，形成符合消费人群个性、品质等特点。

找到符合华山泉产品方面的优势，方能制定具有竞争力的产品设计策略。通过调研，从三个方面寻求突破点。

① 强调品类优势，增强华山泉竞争力。

a. 产品优势。品类优势（矿泉水品类），华山泉是真正的矿泉水，是华山泉产品最大的优势。

b. 产品劣势。由于矿泉水水源地的限制，矿泉水的运输成本较高；由于矿泉水的开采需要国家的批准，矿泉水的开采成本较高（包括上缴开采费）；产品包装不太符合市场发展需求。

c. 其他方面优劣势。

市场优势：五邑本地区域（二三线城市）的传统渠道控制能力强。

市场劣势：现代渠道控制能力弱（特别是一线城市的渠道控制力弱），二线城市传统控制能力优势不明显。

品牌优势：本地资历强。

品牌劣势：品牌推广能力弱。

消费者优势：本地消费者较稳定。

消费者劣势：老龄化，人群在流失。

d. 强调品类优势，增强华山泉竞争力。

从华山泉企业的优劣势可知，华山泉的核心优势是存在的（品类优势），是具有强大的竞争力的；其他劣势可以通过产品策划、品牌策划、市场规划等方式解决。

② 矿泉水市场增长潜力大，向品质化发展。

a. 市场趋势。矿泉水将在未来几年备受关注。

随着生活品质的提高，人们买水除了解渴外，也越来越关注健康，矿泉水市场将是未来的发展趋势，华山泉应该尽快树立产品形象，才能把握市场的发展机遇。

b. 根据地市场与开拓市场的特点。向现代渠道发展，向品质精神层面发展。

根据地市场（二三线城市）与开拓市场（一线城市）的消费者对于瓶装水的需求，逐渐从解渴的基本需求向关注健康过渡，开拓市场的消费者对健康的关注高于根据地市场，但整体为增高趋势。由于二三线城市与一线城市经济水平的差异，其市场特点存在一定的差异，主要区别为一线城市的消费者对渠道以及产品的品质要求高于二三线城市，具体表现如下。

五邑根据地市场的消费者更喜欢在传统渠道（多为小卖部）购买瓶装水，他们更注重购买的便捷；同时发现，传统渠道虽然目前还具有很大的市场优势，但现代渠道的优势越来越明显。

广州、佛山等开拓市场的消费者更习惯于在现代渠道（多为大型超市）购买瓶装水，他们更注重产品的品牌、产品的包装、产品的档次。

③ 加强对矿泉水认知，符合消费人群特点。

a. 消费趋势。需求更个性化、品质化。

由于社会的发展与变迁，人们的消费观念也在发生着巨大的改变。目前的消费人群覆盖主要区域为"60 后"到"90 后"，由于受改革开放的影响程度不同，其消费观念也有着一定的差异，越年轻的消费者越受现代思潮影响，对旧有观念的束缚越来越小。

人们对情感的需求越趋增强，消费观的感性因素比例逐渐扩大；被调查的19～25岁的消费者，消费观更为感性且追求方便，被调查的26～35岁的消费者，消费观更理性且追求安全与实惠。

b. 消费者对矿泉水的认识。加强矿泉水认知，突破心理安全防线。

由于对矿泉水认识的缺乏，矿泉水安全（无污染）问题是消费者最为担心的；被调查的消费者中，普遍缺乏对矿泉水的认识，能真正区分矿泉水、纯净水、矿物质水的消费者不到 10%；但是，在能认识矿泉水的消费者中，大都认为矿泉水有天然矿物质等微量元素等优点，让人联想到大自然；虽然消费者关于选择何种水的趋势并不明显，但对矿泉水的潜在需求量巨大。加强矿泉水认知，突破心理安全防线，是矿泉水行业必须要解决的。

c. 华山泉目前的消费者状况。消费人群老龄化，需要培养年轻的消费人群。

华山泉目前的人群主要为以前从小培养的消费人群，因此华山泉经销商认为华山泉目前要培养现在的年轻消费群体，此类人群注重品牌，他们希望包装能符合他们的年龄、身份、消费观等。

d. 加强消费者对矿泉水的认知，培养年轻消费人群，迎合年轻消费人群个性化、品质化等方面的需求。

消费者机遇：消费者购买水已经成为习惯，消费者开始关注健康。

消费者威胁：消费者对矿泉水认识不足（矿泉水的功效），特别是矿泉水的健康与安全方面。

华山泉必须发挥矿泉水品类优势（矿泉水属性、健康、安全），特别是华山泉矿泉水能增强人体活力的特点，确立核心定位点，产品设计符合消费人群特点，且易于识别。

4.3.2.3 从产品核心到产品设计策略（从本质到策略）

确立了华山泉产品的核心，即华山泉策略大方向的原则，再结合华山泉的目标与市场现状，推导出华山泉主品牌、子品牌的产品设计策略，让华山泉主子品牌的产品策略能形成互补作用，达到华山泉的营销目标。

华山泉品牌以产品设计策略为中心，以微观（产品设计策略定位）、宏观（品牌、市场、渠道）两方面结合的方式，对华山泉主品牌进行综合策略定位。

（1）品牌、市场、渠道策略定位（宏观策略）

① 品牌。品牌推广必须定位精准（产品核心诉求、产品核心卖点、产品利益点），即矿泉水属性、健康、安全，发挥华山泉的利益优势；同时结合其他优势进行品牌推广。

② 市场。以二三线市场为销量核心，需要加强对珠三角市场的开拓并要稳固深耕五邑根据地市场；以广州一线市场为提升品牌的核心；产品市场定位偏中端，竞争对手主要为怡宝，其次为屈臣氏、景田；市场人群定位大众化，其中主要为中青年。

③ 渠道。在二三线城市，以小超市为主要渠道模式，并积极开拓现代渠道（有利于品牌的提升）；在一二线城市，特别是广州应该以现代渠道为主，小超市为辅。

（2）产品设计策略定位（微观方面）

① 理念定位。以安全为基本诉求，以健康为核心卖点，与消费者建立高关联性。

② 风格定位。大众化风格，具备中青年偏青年的消费者审美观的风格特点。

③ 档次定位。中档（简洁而流线）。

④ 识别定位。产品包装体现矿泉水的属性（健康、自然）；以亲和力为核心，具有一定的特色，易识别；符合人机工程学（相比竞争对手更舒适）。

4.3.2.4　从设计策略到产品设计——主品牌（从策略到设计）

产品设计策略，必须通过设计思维的转换，才能设计出符合设计策略的作品。同一产品设计策略，会有多种表达方式，但表达的核心都是一致的，只是在平衡各种关系的比重时有所不同，从而形成了独特的风格。因此，给予设计的创新思维的空间就可以足够大，从而让产品设计策略与产品创新设计结合而发挥出最大的效益。

（1）产品设计策略——人群定位

我们需要对策略定位进行深入的理解，特别是关键点（目标人群特点与矿泉水品类属性）；只有充分理解与了解，才能将策略转变成成功的作品。目标人群特点如下。

① 大众化。"柔和""简洁"是大众风格在产品设计方面的核心诠释。

a."大众化"的感官。现代、柔和、简洁、平缓、干净、舒适、稳定、平衡、正面。

现代：产品要反映整个社会审美观的时代性，即流行趋势。

柔和：不强烈、不刺激，使用曲线和圆角来过渡。

正面：给人积极的联想，如健康、娱乐等。

b."大众化"的品牌产品风格。如怡宝、屈臣氏、康师傅等。

市场份额高，影响力大的品牌，其畅销产品风格必定是符合大众化审美的，有借鉴的意义。这些产品的风格一般是简洁的、中性的、亲和的、舒适的。如飞利浦、松下等国际品牌，其产品的风格符合世界的审美，更具有普遍性。

c."大众化"消费观。

人们追求"价廉物美"，价格也是消费者购买产品的主要考虑因素之一；从众心理，消费有一定的盲目性；信贷消费虽逐渐流行，但量入而出仍然是主流，体现较理性的一面。

② 中青年（24 ~ 33 岁）。时尚、健康、休闲是中青年在产品设计方面的普遍追求。

a.中青年的特点。处于奋斗阶段，压力大，对健康开始关注。

他们出生于改革开放后，生活有所改善，从小开始接触更多先进的思想，属于新旧思想交替，传统与现代思想相融的一代。他们有的大学毕业，正处在职场拼搏或创业阶段，为实现人生目标积极奋斗；有的处于新婚或组织小家庭阶段，开始感受各种生活和社会的压力，发现自己的体力和精力逐渐下降，开始注重健康和保健，在繁忙的工作中懂得减压和享受。

b.中青年的消费观。关注品牌，追求健康休闲生活。

中青年关注品牌，品牌忠诚度较高；同时比较注重外形、款式、色彩等；注重产品的品质和情感价值；有一定的购买能力，量入而出。趋向：成熟、理性、绿色、品质、实用、便捷、网络化。

c.中青年的审美观。他们的接受能力较强，宣扬一种积极、时尚的生活。

（2）产品设计策略——档次定位

在产品设计上，应该具有稳重大方、刚柔并济的感觉。

中档矿泉水处于高档矿泉水与低档矿泉水之间，价格在 1 元到 2 元之间，相对于低档水的以价格取胜和高档水的以质量取胜，中档矿泉水的产品设计应具有以下特点。

① 以大众主流审美标准为基准，突出产品的质量与档次。

② 简洁流线，刚柔并济，稳重大方，适合男女老少各种人群，各种场合。

（3）产品设计策略——造型风格定位

综合简洁流线两种风格之长，可以营造一种刚柔并重、稳重大方的产品设计风格，其设计特点如下。

① 确保形体的简洁性和流线性，突出表面的光洁性以及透彻度，突出产品的质量、档次。

② 确保整个瓶形要刚柔并重，感性理性并重，防止过于偏向任何一方。

③ 最后的整体形象要稳重大方，突出产品的内涵。

（4）产品设计策略——设计元素定位

在产品设计上，可以将自然元素、健康元素以及文化元素进行抽象，通过曲线、色彩等形式，触发消费者内心对健康的真实需求，也体现出产品的矿泉水特色。

① 自然元素（图4-8）。

a. 自然赋予的。

b. 感受。纯粹——取自然之源、安全、零污染、很原生态、矿物元素、受保护的、纯净、180米深度。

图 4-8　自然元素

c. 元素提取参考。取大自然元素，进行抽象。比如可抽象大自然的纹理、形象化心里的感受、水源地特点等。

② 健康元素（图4-9）。

a. 理解。养生、营养充足、饮食均衡、精神好、有活力的、有益的、微量元素、保健、安全。

图 4-9　健康元素

b. 元素提取参考。可以把矿泉水里的健康元素醒目地展现，同时也可以渗入一些更能体现健康、养生的设计元素。

③ 珍贵元素。

a. 理解。一方面为天然的、价值连城的、可遇不可求的、宝贵的、贵重的、百年所得的、有限的、为数不多的、难开发的、难被发现的、独一无二的；另一方面为情感，如亲情、友情、爱情。

b. 元素提取参考。在产品设计方面融入适量的文化方面的元素，调动消费者的情感。

④ 亲和力元素（图 4-10）。

a. 理解。比喻使人亲近、愿意接触的力量。

b. 感受。想亲近的、想触摸的，是种微妙的心理感受，没杀伤力的、很容易被接受的、很容易被记住的、备受青睐的、和谐的、饱满的。

图 4-10 造型的亲和力体现

c. 元素提取参考。产品设计方面，线条具有优美柔和感，色彩舒适。

⑤ 人机手感。

a. 理解。用手触摸产品（机器等）的感觉。

b. 感受。以人为本、舒适的、便捷的、喜欢去操作的、关怀的、质感、产品符合人机工程学。

c. 元素提取参考。产品设计方面，瓶身有握手位的语义与空间，磨砂也是一种设计，体现一种关怀。

4.3.2.5 产品设计策略定位如何体现到产品设计中

通过对产品设计策略定位的深入理解，策略定位与产品设计之间的互通性得到加强。将定位深化所得出的更易在产品中表现的关键词进行组合，形成不同重点的设计方向。

（1）瓶形造型设计方面

轮廓，可采用上小下大的造型，流线的线条；瓶身肌理方面，可采用流水、岩层、花纹等造型。

① 方向一，主线条以鼓形为主，突出流线，而且比较有张力，体现生命力。可从大自然的事物中提取出具有流动性的元素，如流水、植物的叶子、露珠、鹅卵石等，体现出其和谐、富有生命力的形象，让人有一种想亲近的感觉。

② 方向二，上小下大曲线过渡，可参考流水的线条，岩层的层次感，树木的肌理与挺拔感。可取材大自然的事物，提取其挺拔、稳重、大气的形象，如树木、岩石、瀑布等。

③ 方向三，造型上体现晶体的棱面处理、注重折射效果、瓶身线条柔中带刚，不能太硬朗。可用一些稀有的，又能符合矿泉水产品的表现手法，同时能给人一种畅快淋漓的感觉。

（2）标贴造型设计方面

以透明搭配、大标识、飘逸字体的形式体现现代气息，尽量体现水源特色。

① 标贴更多地采用透明和不透明的搭配，形成多变的造型；让标贴有一种"隐形"的错觉。

② 标识尽量放大，跨度在 120 度 ~ 160 度之间，标识上下有较小的补充说明文字。

③ 飘逸的字体，体现流动、健康、天然、活力的感觉。

④ 特色图形。具象，暗示水源地环境；抽象，飘逸的感觉。

（3）色彩设计方面

以红色为中心的色彩搭配，表现出矿泉水的活力特色。

矿泉水瓶主要色彩搭配有下面几种：瓶身介于有色与无色之间；标贴的红色与蓝色搭配；标贴的单色（红色）与多色（蓝、绿色）搭配。

常用的颜色有以下几种。

① 蓝色。一般能突出水的自然、营养的特征，突出水的来源以及成分优势，国外中档矿泉水应用较多。

② 无色。一般能显示水的纯净、透明、纯粹，突出质量高，尤其适合高档水，配合高档的瓶身设计，容易取得高品质的效果。

③ 红色。一般能表达品牌或者消费者诸如热情活力、喜庆之类的属性。

④ 蓝色。一般能表达冰凉、纯净、自然之类的水本身的属性。

总之，单色更能暗示产品成分的单一，多色更能暗示产品成分的多元。

（4）色彩搭配方面

根据调研的定位，以及华山泉红色的历史与现状等综合因素，华山泉主品牌产品应该以红色为中心进行色彩的搭配（图 4-11）。

① 方向一，红色标志及红色关键色 + 红色标贴 + 无色瓶体，突出产品的活力、健康。

② 方向二，红色标志及红色关键色 + 红色标贴 + 无色 / 浅蓝色瓶体，突出产品的活力、大方。

③ 方向三，红色标志及红色关键色 + 蓝色或绿色标贴 + 无色 / 蓝色 / 绿色瓶体，突出产品的天然、健康。

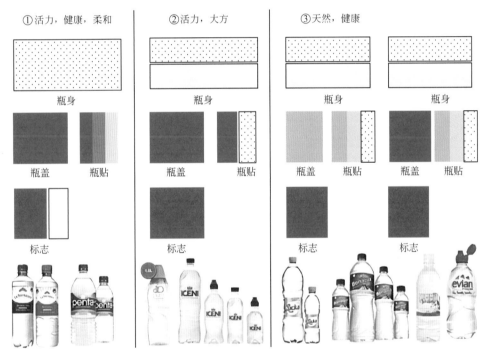

图 4-11 色彩搭配

（5）人机设计方面

人机设计主要体现在视觉、触觉、交互感觉三方面。

① 调研中，消费者对矿泉水瓶的反馈情况如下。

a. 盖子不易打开，希望增大摩擦纹理，或者增大瓶口而增大扭矩。

b. 盖子不易识别是否被打开过，可以通过打开的声音来辨别。

c. 瓶身太光面会沾手，标签也容易掉。

d. 行走携带不方便，考虑到便于携带如放在包里，则瓶身要纤细。

e. 使用方面需要防滑且让手透气，有硬度，瓶口要大，要环保。

② 通过调研、观察、分析，矿泉水产品包装设计在人机方面应该有如下特点。

a. 握手位置可以从中部一直延伸到中下部。

b. 上部最好做一些手感纹理的处理，以方便不同喝水方式的人群。

c. 瓶盖过渡部分最好有一定的距离，不宜太短，以便消费者从货架上取下来。

4.3.2.6　主品牌设计定位策略及产品设计

华山泉包装设计的主题，主要从定位的人群、档次、识别三个方面出发，其中以体现矿泉水属性、提升包装识别性为关键，同时也要严谨考虑工艺的可实现性。最终通过消费者再调研，让消费者对产品进行评估，确定为方案二，此方案更符合华山泉的长远发展（图4-12）。

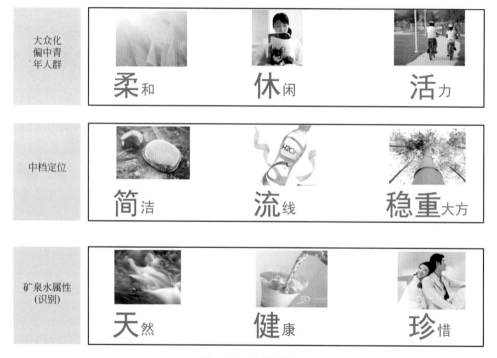

图 4-12　主题定位

（1）方案一：活力流淌

① 用"水"的流动性体现生命力；活力流淌，畅享天然（图4-13）。

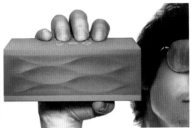

图 4-13　"水"元素

② 细节体现品质，在"健康、活力"的主题下，对细节的斟酌，为产品增添一分文化韵味（图 4-14）。

图 4-14　文化元素

③ 方案展示（图 4-15）。

图 4-15　方案展示

通过水的流动表现水活力流淌的意境，其细节表现如下：中国陶瓷造型元素，精致、圆润柔和，体现一种大众的亲和力的同时，增强了识别性；瓶身的设计以流水为原点，体现一种飘逸的感觉，适合人的手感；整体标贴采用透明材料，标识不透明；留有更多位置展示水的清澈通透感；减少了红色的比例，标识显得更醒目、简洁，带一点时尚，容易吸引消费者的眼球。

④ 与华山泉原包装对比（图4-16）。

造型简洁，采用现代的设计手法，在保证老客户能接受的前提下，吸引更多的年轻消费群体；标贴标识更大，更醒目，保证在货架上不会被挡住，宣传效果更好；外观层面，产品档次比原产品要高一些，起到一定的提升品牌的作用，消费者在心理上更愿意接受价格的提高。

新包装　　　　　　　原包装

图4-16　华山泉设计方案与原包装对比

⑤ 放入档次定位中与其他品牌产品对比（图4-17）。

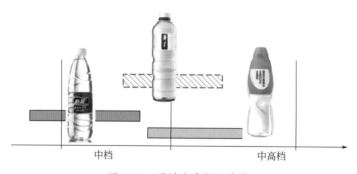

中档　　　　　　　　中高档

图4-17　设计方案档次定位

造型简洁，突破传统的流线收腰造型，与其他品牌相区别；采用红色的标贴，更醒目；产品档次比怡宝高，没有屈臣氏般个性；更迎合广大消费者的审美。

⑥ 套装及实物效果（图 4-18）。

图 4-18　设计方案套装及实物效果

（2）方案二：水的绽放

① 理念。春天到了，花都开好了！来吧，享受大自然的恩惠，享受健康，绽放你我的活力（图 4-19）。

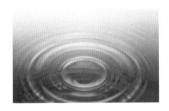

图 4-19　自然元素

② 源于自然的元素，展现自然的魅力，情感驿站里歇息一下，喝口大自然恩惠的纯洁之水。加强纹理的灵感源于层叠的花瓣，层叠的花瓣如同即将开放的花朵，表现出强大的生命力（图 4-20）。

③ 方案展示（图 4-21）。

营造花瓣在水中绽放的意境，其细节表现如下：整体用大自然绽放的元素，表达出矿泉水给人带来的青春与活力，体现出了健康、活力的矿泉水属性；花瓣在透视图里从多角度观看能形成心形图案；心形的细节处理，提高了识别性，同时容易与消费者建立情感。

④ 与华山泉原包装对比（图4-22）。

图 4-20　元素提取

图 4-21　方案展示

新包装　　　　　　　　原包装

图 4-22　设计方案与原包装对比

⑤ 在档次定位中与其他品牌产品对比（图 4-23）。

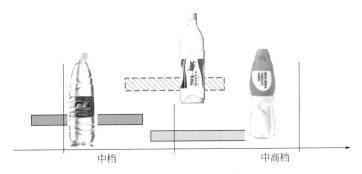

图 4-23　设计方案档次定位

⑥ 套装及实物效果（图 4-24）。

图 4-24　设计方案套装及实物效果

（3）方案埋伏

将方案埋伏在市场中，直观显示出产品在市场中的位置（图 4-25）。

4.3.2.7　从设计策略到产品设计——子品牌（从策略到设计）

子品牌与主品牌的设计方法与流程相同，在此只将设计指导结果呈现出来。

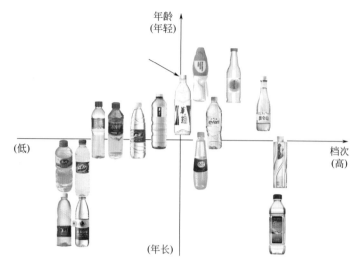

图 4-25　设计方案在市场中的位置

（1）瓶形与标贴造型设计方面

① 方向一，青年人的感性。

瓶形造型：飘逸流线的轮廓，自然肌理的细节体现（图4-26）。

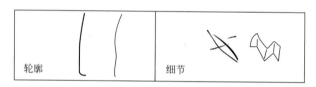

图 4-26　轮廓、细节元素提炼

标贴造型：感性较强的视觉，标贴视觉冲击大且与瓶身融为一体，标识飘逸而自然，图案显现青年人喜欢的元素与肌理。

② 方向二，现代美。

瓶形造型：中性而有张力的轮廓，活力抽象的细节体现（图4-27）。

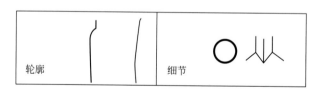

图 4-27　轮廓、细节元素提炼

标贴造型：现代感较强的视觉，标贴浑然一体，标识亲和而时尚，图案是抽象的几何图形。

③ 方向三，新中式美。

瓶形造型：过渡自然的几何形轮廓，细节处体现简洁的自然肌理（图 4-28）。

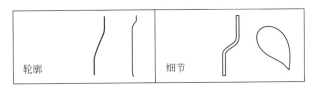

图 4-28　轮廓、细节元素提炼

标贴造型：新中式美的视觉，标识具有东方饱满韵味，图案体现简洁的自然肌理。

（2）色彩设计方面

① 方向一，体验品质，健康生活（图 4-29）。

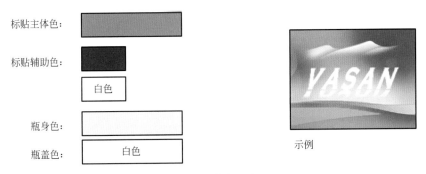

图 4-29　方案配色 1

蓝色，最能体现矿泉水的属性，潜力巨大；最能体现中高档的气质；基本满足青年人体验方面的需求。

② 方向二，活力自然，品位生活（图 4-30）。

橙色，最能体现华山泉给人带来的活力，最能体现青年人感性的消费观，特色强，易识别。

③ 方向三，活力自然，品位生活（图 4-31）。

绿色，最能体现矿泉水的天然健康，最能体现青年人对大自然的享受观，亲和力强。

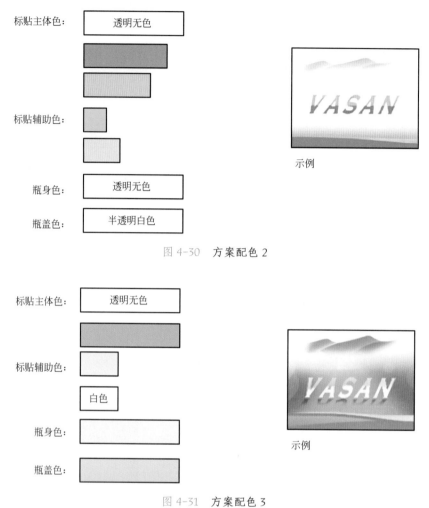

图 4-30　方案配色 2

图 4-31　方案配色 3

（3）人机设计方面

子品牌的产品，人机方面更注重感性，给人较强的体验感。还必须符合青年人的使用习惯，因为他们喜欢自由，因此瓶子的各个部位都有很好的体验感，特别是瓶子颈部便于手提等（图 4-32）。

4.3.2.8　子品牌设计定位策略及产品设计

子品牌产品包装设计主题主要从定位的人群、档次、识别三个方面出发，有侧重稳重化气质路线的方案，也有侧重差异化亲近消费者的方案。

最终通过消费者再调研，让消费者对产品进行评估，确定为方案一，此方案更符合华山泉的长远发展（图 4-33）。

图 4-32 瓶子的抓取部位

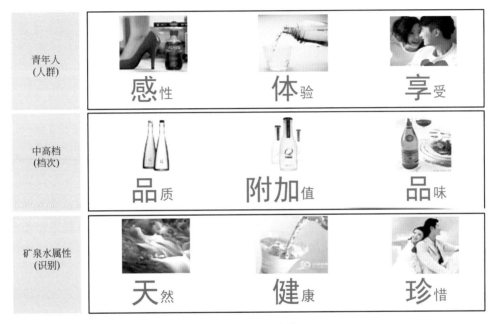

图 4-33 主题定位

（1）方案一：运动时尚

① 理念。现代社会，人们很热衷运动，年轻人更是如此，而且他们追求时尚。从此出发，去设计一款让他们无论是在街头行走，或是在运动场上，拿在手上就是一种时尚的矿泉水瓶。为求让他们知道其实运动，真的很时尚。

② 要体现运动很时尚。首先阳光、健康、开朗的气质很重要，这是决定年轻人是否钟爱的重要"感性因素"，其次要体现"水"的属性，当然还有其特有的区别性。

③ 方案展示（图 4-34）。

饱满、流动的瓶身设计以及极具张力的纹理，在满足人机手感舒适的同时也充分地展现着"动感"的魅力。

图 4-34　子品牌方案 1 展示

④ 放入档次定位中与其他品牌产品对比（图 4-35）。

⑤ 套装及实物效果（图 4-36）。

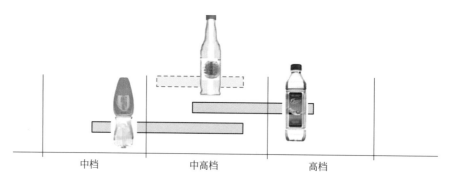

中档　　　　　　中高档　　　　　　高档

图 4-35　设计方案档次定位

图 4-36　套装及实物效果

该方案特点：青年人特征明显——运动时尚，识别性好。

（2）方案二：简约时尚

理念：抽象了水在岩层上流动的元素，韵味体验无穷（图4-37）。由于过程类似，不再详述。

图 4-37　子品牌方案 2 展示

（3）方案埋伏

将方案埋伏在市场中，直观显示出产品在市场中的位置（图4-38）。

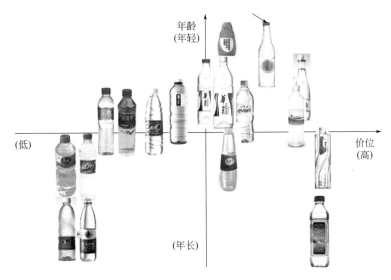

图 4-38　子品牌方案 2 在市场中的位置

4.3.2.9 设计评估，成就专业（产品消费者评估）

产品设计策略定位通过产品设计表现出来后，还需要进行市场的验证，以便对方案做出适当的调整。

（1）消费者评估

分别对鹤山、佛山进行市场、消费者调研评估。

① 评估目的。检验新包装是否达到预期定位效果，以便调整方案；确认最终方案。

② 评估参照原则。主品牌，产品包装能达到销量大、畅销的目的；子品牌，通过高端子品牌，提升华山泉主品牌形象，从而提升华山泉的整体形象。

③ 人群范围。主品牌，24 ~ 33 岁为主；子品牌，调研人群年龄范围为 19 ~ 25 岁为主。

④ 调研范围。根据地市场——鹤山，开拓市场——佛山。

⑤ 访谈重点。消费者评估问卷，更微观——评估新包装是否满足消费者的需求；经销商评估问卷，更宏观——评估新包装是否具有竞争力。

（2）设计评估

① 市场差异表现。开拓性市场相比于根据地市场，消费者的审美更前卫。

根据消费者访谈，分析结果显示，人群年龄的不同，对于瓶子的选择呈现明显的差异，并且他们的选择是符合我们的人群定位的。

整体看，开拓性市场的消费者在审美观方面较根据地市场更为前卫。突出表现在，开拓性市场消费者更容易接受个性化稍强的产品包装，而根据地市场消费者更容易接受较为大众化、个性并不特别突出的产品包装。

② 发展式评估。更偏向开拓性市场消费者的评估方式。

方案的评估，还应当以发展的眼光来看待。因此，采取了比消费者预期稍高的评估方式。以下为以最终评估为依据的设计方案（图 4-39、图 4-40）。

消费者与经销商对于产品设计方案的综合评价情况如下。

主品牌标贴：众多经销商与消费者表示，该标贴有特色，容易让人记住，识别性强。

主品牌瓶形：众多目标消费人群表示，该瓶形不但有特色，并且简洁，与华山泉老包装有一定的联系。

子品牌标贴：众多经销商与消费者表示，该标贴时尚、现代感强，并且容易记忆。

子品牌瓶形：众多目标消费人群表示，该瓶形特点十足，档次感强，满足了他们的需求，并且有国外产品的感觉。

图 4-39 主品牌方案

图 4-40 子品牌方案

（3）方案调整

由于整个设计过程的严谨性，所设计的方案完全符合预期定位；但在一些细节方面，也做了一定的调整，比如透明标贴的透明度与透明宽度，秉承优化的思想，进行了细微的深化调整。

/ 本章小结

新产品开发是事关企业前途的重要事项，投资多、风险大、周期长且影响面广，需要一个具有全局性、未来性、系统性以及竞争性的相对稳定的产品开发战略，以对新产品开发起到限制和指导的作用，从而尽可能地保证重大决策的正确性和有效性。好的产品开发规划可以使企业的产品开发创新工作稳健地进行，更能锁准战略开发目标，避免开发设计工作的反复或推延，加快周期运转，减低开发风险。产品设计规划都属于产品开发总体规划中的一部分，应依据企业整体发展战略目标和现有情况，结合外部动态形势，合理地制定本企业产品的全面发展方向和实施方案，解决一些关于周期、进度等的具体问题。产品设计规划在时间上要领先于产品开发阶段，并参与产品开发全过程。

/ 思考与练习

谈谈设计规划与管理对企业发展的作用，和某一知名设计师或品牌的设计发展等。

实训案例：大圩古镇旅游服务系统设计（见电子资料包6）。

参 考 文 献

[1]   刘瑞芬 . 设计程序与设计管理 [M]. 北京：清华大学出版社，2006.

[2]   马澜，马长山 . 产品设计规划 [M]. 长沙：湖南大学出版社，2010.

[3]   徐人平 . 设计管理 [M]. 北京：化学工业出版社，2009.

[4]   刘国余 . 设计管理 [M]. 上海：上海交通大学出版社，2007.

[5]   犹里齐 . 产品设计与开发 [M]. 大连：东北财经大学出版社，2009.

[6]   杨霖 . 产品设计开发计划 [M]. 北京：清华大学出版社，2005.

[7]   Kevin.N.Otto. 产品设计 [M] 宫晓东，张帆，等译 . 北京：电子工业出版社，2007.

[8]   陈圻 . 设计管理理论与实务 [M]. 北京：北京理工大学出版社，2010.

[9]   张德，潘文君 . 企业文化 [M]. 北京：清华大学出版社，2007.

[10] 刘永翔 . 产品设计 [M]. 北京：机械工业出版社，2008.

[11] 张凌浩 . 下一个产品 [M]. 南京：江苏美术出版社，2008.

[12] 过伟敏 . 走向系统设计 [M]. 南昌：江西美术出版社，2006.

[13] 劳拉·斯莱克 . 什么是产品设计？ [M] 刘爽，译 . 北京：中国青年出版社，2008.

[14] 鲁晓波 . 工业设计程序与方法 [M]. 北京：清华大学出版社，2007.

[15] 刘晓宏 . 创新设计方法及应用 [M]. 北京：化学工业出版社，2006.

[16] 许继峰，张寒凝 . 工业设计程序与方法教程 [M]. 南宁：广西美术出版社，2009.

[17] 清水吉治 . 从设计到产品 [M]. 朱钟炎，译 . 上海：同济大学出版社，2007.

[18] 赵江洪 . 设计心理学 [M]. 北京：北京理工大学出版社，2004.

[19] 何晓佑 . 产品设计程序与方法 [M]. 北京：中国轻工业出版社，2004.

[20] 徐阳，刘瑛 . 品牌与 VI 设计 [M]. 上海：上海人民美术出版社，2006.

[21] Ilpo Koskinen, TuuliMättelmaki Katja Battarbee. 移情设计——产品设计中的用户体验 [M]. 孙远波，
      姜静，耿晓杰，译 . 北京：中国建筑工业出版社，2011.

[22] Giles Colborne. 简约至上 [M]. 李松峰，秦绪文，译 . 北京：人民邮电出版社，2011.

[23] 王受之 . 世界现代设计史 [M]. 北京：中国青年出版社，2002.

[24] 恰安，沃格尔 . 创造突破性产品——从产品策略到项目定案的创新 [M]. 北京：机械工业出版社，2003.

[25] DONALD A. Norman. 情感化设计 [M]. 付秋芳，程进三，译 . 北京：电子工业出版社，2005.

[26] 马克·第亚尼 . 非物质社会 [M]. 成都：四川人民出版社，1998.

[27] 陈汗青 . 产品设计 [M]. 武汉：华中科技大学出版社，2010.

[28] 保罗·罗杰斯，亚历克斯·米尔顿 . 国际产品设计经典教程 [M]. 北京：中国青年出版社 .2013.

[29] 尹定邦 . 设计学概论 [M]. 长沙：湖南科学技术出版社，2001.

[30] 何人可 . 工业设计史 [M]. 北京：北京理工大学出版社，2000.

[31] 屈立丰，陈文雯，等.工业设计研究第七辑 [M].青岛：中国海洋大学出版社，2021.

[32] 郑建启，李翔.设计方法学 [M].2 版.北京：清华大学出版社，2012.

[33] 盖文·艾林伍德，彼得·比尔.国际经典交互设计教程：用户体验设计 [M].孔祥富，路融雪，译.北京：电子工业出版社，2015.

[34] 罗仕鉴，李文杰.产品族设计 DNA[M].北京：中国建筑工业出版社，2016.

[35] 张明.方式设计思维与方法：基于中国传统智慧的当代创新设计方法研究 [M].南京：江苏凤凰美术出版社，2019.

[36] 布鲁斯·布朗，理查德·布坎南，卡尔·迪桑沃，等.设计问题：创新模式与交互思维 [M].孙志祥、辛向阳，译.北京：清华大学出版社，2017.

[37] 大卫·贝尼昂.用户体验设计：HCI、UX 和交互设计指南 [M].李轩涯，卢苗苗，计湘婷，译.北京：机械工业出版社，2020.

[38] 俞昌斌.体验设计重塑绿水青山 [M].北京：机械工业出版社，2021.

[39] 刘津.破茧成蝶：用户体验设计师的成长之路 [M].北京：人民邮电出版社，2020.

[40] 杰西·詹姆斯·加勒特.用户体验要素：以用户为中心的产品设计 [M].范晓燕，译.北京：机械工业出版社，2019.

[41] 黄蔚.服务设计：用极致体验赢得用户追随 [M].北京：机械工业出版社，2020.

[42] 罗伯特·罗斯曼，马修·迪尤尔登.最佳体验：如何为产品和服务设计不可磨灭的体验 [M].常星宇，盛昕宇，林龙飞，译.北京：电子工业出版社，2021.

[43] 宝莱恩，乐维亚，里森.服务设计与创新实践 [M].王国胜，等译.北京：清华大学出版社，2015.

[44] 陈旭，庾萍.产品设计规划 [M].北京：电子工业出版社，2014.

[45] 陈慎任.产品形态语义设计实例 [M].北京：机械工业出版社，2002.

[46] 边守仁.产品创新设计 [M].北京：北京理工大学出版社，2002.

[47] 尹义法.产品开发项目管理 [M].北京：机械工业出版社，2022.

[48] 萧潇.创意文案与营销策划撰写技巧及实例全书 [M].天津：天津科学技术出版社，2017.

[49] 浅田和实.产品策划营销 [M].陈都伟，译.北京：科学出版社，2008.

[50] 程宇宁.品牌策划与管理 [M].北京：中国人民大学出版社，2021.

[51] 陈梅.品牌策划与设计 [M].杭州：浙江大学出版社，2019.

[52] 迈克尔·约翰逊.品牌设计全书——从战略策划到视觉设计，掌握成功品牌创意制胜技 [M].王树良，译.上海：上海人民美术出版社，2020.